Zu diesem Buch

«Romantische Wissenschaft» ist für Alexander R. Lurija Motto seines ganzen Lebens gewesen: weg von der kalten, abstrakten Analyse von Objekten, die nur das Generalisierbare gelten läßt, hinaus auf die Straße, in die Sphäre der Einzelphänomene und individuellen Unterschiede, den «Reichtum der konkreten Lebensprozesse», den es zu erkunden und zu bewahren gilt. Psychologie, Neurologie, Sprachforschung – die drei Hauptarbeitsgebiete des Autors – sind Wissenschaften vom Menschen, und so ist das Grundmotiv seiner Autobiographie die Begegnung.

Gemeinsam mit anderen jungen Wissenschaftlern versucht er in der wirren Aufbruchzeit nach der Oktoberrevolution, eine «reale Psychologie» zu entwickeln. Mit seinem Lehrer und Freund Lew Wygotskij unternimmt er ethnographische Expeditionen nach Usbekistan und Kirgisien, um dort im Gespräch mit den Dorfbewohnern analphabetische Bewußtseinsstrukturen zu ergründen. Zwillingsforschung, Untersuchungen über den Zusammenhang von Denken und Sprechen und ein Medizinstudium beschäftigen den Psychologieprofessor Lurija in den dreißiger Jahren – bis der Zweite Weltkrieg ihn jäh in die Schreckenswelt russischer Rehabilitationskliniken versetzt. Dort, in der diagnostischen und therapeutischen Arbeit mit Hirnverwundeten, entsteht die Basis der Neuropsychologie und Neurolinguistik, die er in den fünfziger und sechziger Jahren begründet.

Mit leidenschaftlicher Nüchternheit, konzentriert auf seine Forschungen und die Ausformung seines Denkens, resümiert Lurija ein erstaunliches, vielschichtiges Lebenswerk – «ein kompliziertes Musikstück», wie der amerikanische Lurija-Experte Michael Cole schreibt, «das sich aus einigen wenigen Motiven und vielen Variationen zusammensetzt».

Der Autor

Alexander Romanowitsch Lurija, geboren 1902 in Kasan, dort Studium der Sozialwissenschaften. Ab 1920 Hinwendung zur Psychologie, 1925 Beginn seiner Arbeit am Institut für Psychologie in Moskau. In den dreißiger Jahren Studium der Medizin, während des Krieges Sanitätsoffizier, spezialisiert auf Hirnverletzungen, dann Arzt am Institut für Neurochirurgie in Moskau, wo er 1950 aus ideologischen Gründen von seinem Posten entfernt wurde. Erst einige Jahre später konnte er seine Forschungen offiziell fortführen. Lurija, der 1977 starb, gilt als Begründer der Neuropsychologie.

Alexander R. Lurija

Romantische Wissenschaft

Forschungen im Grenzbezirk von Seele und Gehirn

Mit einem Essay
von Oliver Sacks

Übertragen und mit Anmerkungen versehen
von Alexandre Métraux

rororo

Rowohlt

rororo science
Lektorat Jens Petersen

Deutsche Erstausgabe
Veröffentlicht im Rowohlt Taschenbuch Verlag GmbH,
Reinbek bei Hamburg, Dezember 1993

Die Originalausgabe erschien 1982 unter dem Titel
«Etapy projdennogo puti: Nautschnaja awtobiografija»
im Verlag Isdatelstwo Moskowskogo Uniwersiteta, Moskau

Der Essay von Oliver Sacks erschien unter dem Titel
«Luria and Romantic Science» in dem von Elkhonon Goldberg
herausgegebenen Band «Temporal Neural Psychology and the
Legacy of Luria», Lawrence Erlbaum Ass., Hilldale, N. J., 1990

Redaktion Andreas Projahn
Umschlaggestaltung Barbara Hanke
Satz Aldus (Linotronic 500)
Gesamtherstellung Clausen & Bosse, Leck
Printed in Germany
1690-ISBN 3 499 19533 x

Inhalt

Lurija und die romantische Wissenschaft

Oliver Sacks

Die Beschäftigung mit romantischer Wissenschaft war für Lurija weder eine nebensächliche Angelegenheit noch eine Sache des alternden Forschers noch eine bloße Idiosynkrasie; und am allerwenigsten war sie seiner Sicht der Wissenschaft, der er von seiner Jugend an anhing, fremd. Lurija hat 1977, gegen Ende seines Lebens, seine Autobiographie verfaßt. Sein erstes Buch, «eine kritische Auseinandersetzung mit der Psychoanalyse», stammt aus dem Jahr 1922. Manche Erweiterungen und Entwicklungen trennen die beiden Schriften. Aber seine Sicht der Wissenschaft – eine vielschichtige und (wie man meinen könnte) widersprüchliche Sicht – hat sich in diesen 55 Jahren nicht verändert. Er selbst berichtet im Schlußkapitel der Selbstdarstellung über die Unterschiede (und die Reibungsflächen) zwischen der «klassischen» und der «romantischen» Wissenschaft: «Lange war ich mir nicht darüber im klaren, welcher dieser beiden Ansätze im Prinzip zum besseren Verständnis der lebendigen Wirklichkeit führt. Dieses Dilemma wiederholt den Konflikt zwischen der nomothetischen und der idiographischen Psychologie, der mich in den ersten Jahren meines intellektuellen Lebens beschäftigt hatte.»

Dennoch: entgegen Lurijas Äußerungen, die nicht nur in seinen Veröffentlichungen zu finden, sondern auch in unzähligen Briefen an Kollegen und Freunde nachzulesen sind, besteht die Tendenz, seine «romantischen» Schriften als leichtgewichtige und oberflächliche Nebenprodukte seines Schaffens zu beurteilen, die man wissenschaftlich und geistig nicht sonderlich ernst zu nehmen braucht oder die man auch gleich vergessen kann. Ich möchte versuchen, beiden Aspekten seines Lebenswerks gerecht zu werden, den Lesern die außerordentliche Komplexität und Fruchtbarkeit von Lurijas Sicht der Wissenschaft und der Welt näherzubringen und zu zeigen, wie lebenswichtig das «Romantische» für ihn als Forscher zeitlebens war.

Die Beschäftigung mit der romantischen Wissenschaft kam jedoch erst verhältnismäßig spät in seinen beiden «neurologischen Geschichten» (Lurija 1991) und in der posthum veröffentlichten Selbstdarstellung zum Ausdruck (zuvor hatte Lurija allerdings bereits 1973 einen ideengeschichtlich orientierten Bericht über Wygotskij und sich selbst veröffentlicht; vgl. Lurija 1973)*. Ausführliche Erörterungen zur romantischen Wissenschaft finden sich in der Autobiographie.

Die Ausdrücke «klassisch» und «romantisch», die im Zusammenhang einerseits der Einstellung der Wissenschaften, andererseits des Temperaments und der Geisteshaltung der Wissenschaftler verwendet werden, gehen nicht auf Lurija zurück, sondern auf den deutschen Mediziner Max Verworn. Lurija hat sie also übernommen, jedoch seinen eigenen Zielsetzungen angepaßt:

«Der klassische Wissenschaftler zerlegt Ereignisse in ihre Bestandteile. Schritt für Schritt nimmt er sich wesentliche Einheiten und Elemente vor, bis er schließlich allgemeine Gesetze formulieren kann. Dann betrachtet er diese Gesetze als Agenzien, die den Erscheinungen im untersuchten Bereich zugrunde liegen. Diese Methode führt unter anderem dazu, daß die lebendige Wirklichkeit mit ihrer reichen Vielfalt auf abstrakte Schemata reduziert wird. Die Eigenarten des lebendigen Ganzen

* Fragt man sich, warum Lurija mit seiner romantischen Wissenschaft erst spät vor die Öffentlichkeit getreten ist, muß die Antwort ohne Zweifel in der Drangsalierung der sowjetischen Wissenschaften in früheren Jahren gesucht werden. Lurija berichtete einmal in bewegenden Worten darüber, wie er als junger Forscher sein Buch über die Natur menschlicher Konflikte (Lurija 1932) Pawlow überreichte. Tags darauf raunte Pawlow wutentbrannt: «Und das nennen Sie Wissenschaft?! Die Wissenschaft geht vom Elementaren aus und baut darauf auf, aber Sie beschreiben das Verhalten als Ganzheit!» (persönliche Mitteilung Lurijas vom 19. Juli 1973 an den Autor). Später wurde Lurija (wie viele andere Wissenschaftler) des «Anti-Pawlowismus» und «Anti-Sowjetismus» bezichtigt und mit einem Lehr-, Forschungs- und Publikationsverbot belegt. Deshalb das lange Schweigen zwischen den frühen Veröffentlichungen und der erst nach 1945 erschienenen Studie über die Rehabilitation von Funktionen nach Hirnverletzungen. Materialien für die Fallgeschichte über den Mann, dessen Welt in Scherben ging (vgl. Lurija 1991), wurden in den vierziger Jahren gesammelt (und die zur Fallgeschichte über den Gedächtniskünstler noch früher), doch die geistige Atmosphäre war nach wie vor derart düster, daß eine Veröffentlichung erst dreißig Jahre später in Frage kam. Zudem ist daran zu erinnern, daß die Anfang der dreißiger Jahre von Wygotskij und Lurija angeregten Arbeiten über kulturbedingte Unterschiede der höheren psychischen Funktionen auch erst 45 Jahre später veröffentlicht wurden.

gehen verloren, ein Vorgang, der Goethe zu seinem berühmten Satz ‹Grau, teurer Freund, ist alle Theorie, und grün des Lebens goldener Baum› führte.

Der romantische Wissenschaftler läßt sich von genau entgegengesetzten Interessen, Einstellungen und Vorgehensweisen leiten. Er folgt nicht dem Weg des Reduktionismus, jener maßgeblichen Philosophie der klassischen Schule. Romantiker in der Wissenschaft haben weder das Bedürfnis, die lebendige Wirklichkeit in elementare Komponenten aufzuspalten, noch wollen sie den Reichtum der konkreten Lebensprozesse in abstrakten Modellen darstellen, die die Phänomene ihrer Eigenheiten entkleiden. Ihre wichtigste Aufgabe sehen sie darin, den Reichtum der Lebenswelt zu bewahren, und sie erstreben eine Wissenschaft, die sich dieses Reichtums annimmt.»

Anders gewendet: der romantische Wissenschaftler, der dem Naturalismus nacheifernde Forscher begnügt sich mit Beschreibungen – der klassische Wissenschaftler dagegen will Erklärungen anbieten. Beide Stile sind notwendig, und beide haben ihre Mängel: «Romantische Wissenschaft vernachlässigt die Logik; sorgfältige, Schritt für Schritt aufgebaute Argumentation ist nicht ihre Sache, und nur mit Mühe kommt sie zu festen Formulierungen und universellen Gesetzen. Zuweilen nehmen in ihrer Arbeit künstlerische Neigungen und Intuitionen überhand. Ihre Beschreibungen gehen oft nicht nur ihren Erklärungen voran, sondern treten auch manchmal an deren Stelle.»

Man muß jedoch hervorheben, daß Lurija keinem Hang zum Archaismus nachgegeben und keinen Gedanken auf die Übernahme des veralteten, aus dem 19. Jahrhundert stammenden, rein beschreibenden Naturalismus verschwendet hat. Keiner hat wie er die Gefahren eines Naturalismus *dieser* Art erkannt. Doch seine klinischen Erfahrungen, die er unverkürzt weitergibt, und seine Interpretationen der großen Neurologen des 19. Jahrhunderts lassen auch ein scharfes Bewußtsein für die entgegengesetzte Gefahr erkennen, nämlich für die Gefahr der reduktionistischen Zergliederung, die schließlich die Realität, die sie analysiert, aus den Augen verliert. Für Lurija ist der Reduktionismus ein Wesensmerkmal der Wissenschaft des 20. Jahrhunderts, oder wenigstens der Medizin, der Physiologie und der Psychologie: «Seit Beginn dieses Jahrhunderts verändert sich unter dem Einfluß des immensen technischen Fortschritts die Struktur wissenschaftlichen Arbeitens selbst... Der Reduktionismus, der Versuch also, komplexe Erscheinungen auf elementare Bestandteile zurückzuführen, wurde zum Leitprinzip der wissenschaftlichen Arbeit. In der Psychologie schien die Reduktion psychischer Erscheinungen auf elementare physiologische Gesetze endlich eine erschöpfende Erklärung menschlichen Verhaltens liefern zu können... Diese Atmosphäre verdrängte das reichhaltige und vielschichtige Bild des menschlichen Verhaltens, das noch Ende des 19. Jahrhunderts vorgeherrscht hatte, aus den Lehrbüchern der Psychologie.»

Lurija bringt die reduktionistische Tendenz mit den Entwicklungen der Technik und mit der davon geprägten Erkenntnis- und Stimmungslage in Verbindung. Für ihn kommt dies einem wissenschaftlichen Rückschritt ebenso wie einer menschlichen und existentiellen Verarmung gleich: «Die Tendenz, Tatsachen des Lebens auf mathematische Schemata zu reduzieren und die Forschung weitgehend Instrumenten zu überlassen, war in der Medizin besonders stark ausgeprägt. Ihre Aufgabe hatte größtenteils darin bestanden, Krankheiten durch die Beschreibung ihrer wesentlichen Symptome zu erfassen, was für Diagnose und Behandlung gleichermaßen wichtig schien. Mit dem Aufkommen neuer technischer Ausstattungen gerieten die klassischen Formen medizinischen Vorgehens in den Hintergrund. Heutige Ärzte, die über eine ganze Batterie von Laborhilfsmitteln und -tests verfügen, setzen sich oft über die klinische Wirklichkeit hinweg... Ärzte, die auch große Beobachter und Denker sind, verschwinden nach und nach von der Bildfläche. Heute findet man selten einen wirklich guten Arzt, der in der Diagnostik, in der Einschätzung des Krankheitsverlaufs und in der Behandlung gleichermaßen bewandert ist.»

Den gleichen Standpunkt hat Lurija immer wieder und mit anhaltender Leidenschaft in seinen Briefen vertreten (man weiß, daß er nach seinem Zwölf- bis Sechzehnstundentag eine ausgedehnte wissenschaftliche Korrespondenz mit Kollegen, früheren Schülern und Freunden führte – übrigens in einem halbend Dutzend Sprachen.* In einem Brief, den er

* Lurija äußerte sich in seinen Briefen mit weniger Zurückhaltung als in seinen Veröffentlichungen. Freuds Briefe gewähren uns Einblicke in die Person des Begründers der Psychoanalyse. Über den Denker Freud wissen wir fast alles. Aber aus den Briefen Lurijas lassen sich gedankliche Dimensionen herauslesen, die sich in seinen Publikationen kaum widerspiegeln. Wir werden uns von Lurija dem *Denker* kaum ein angemessenes Bild machen können, solange keine vollständige Ausgabe seiner Briefe vorliegt.

mir nach der Lektüre von ‹*Awakenings*› (Sacks 1991) schrieb, hielt er fest: «Ich war mir stets mit Klarheit bewußt, daß eine gute klinische Fallbeschreibung in der Medizin, und hauptsächlich in der Neurologie und der Psychiatrie, die Hauptrolle spielt. Leider hat sich die Fähigkeit zur Beschreibung, die den großen Neurologen und Psychiatern des 19. Jahrhunderts gemein war... fast gänzlich zurückgebildet» (Brief vom 25. Juli 1973).

Lurija wußte in der Tat, wo die klinische Realität, der nicht reduzierbare Reichtum und die unaufhebbare Vielschichtigkeit als Wesensmerkmal des Klinischen, zu suchen war. Er leugnete das *Qualitative*, das Geschichtliche und das *Biographische* in der Wissenschaft nicht – zumal wenn es um die Erforschung des lebendigen Menschen ging.

«Offen gesagt, ich mag den Typus der ‹biographischen› Studie, wie beispielsweise die über Schereschewskij und über Sassezkij... zum einen, weil es sich dabei um ‹romantische Wissenschaft› handelt, die ich habe einführen wollen, und zum anderen, weil ich strikt *gegen* den sturen statistischen Ansatz und *für* die qualitative Erforschung der Persönlichkeit, *für* jeden Versuch zur Erfassung der der Persönlichkeitsstruktur zugrundeliegenden *Faktoren* bin» (Brief vom 19. Juli 1973 an den Autor; Hervorhebungen von Lurija).*

1973 kontrastierte ich in einem Essay über Lurija (Sacks 1973) seine «novellistischen» oder «romantischen» Schriften *(‹Der Mann, dessen Welt in Scherben ging›* und *‹Kleines Porträt eines großen Gedächtnisses›)* mit seinen anderen, wie mir schien klassischen, eher wissenschaftlich gehaltenen Texten (etwa der monumentalen Monographie über die höheren kortikalen Funktionen des Menschen). Von Lurija erntete ich eine glühende, von seinen unverbrüchlichen Überzeugungen diktierte

* Es ist wohl nur einer Ironie der Geschichte zuzuschreiben, daß Lurija – trotz seiner Abneigung sowohl gegen statistische Methoden wie auch gegen standardisierte Testverfahren – vielen Psychologen fast nur (und einigen möglicherweise *ausschließlich*) als Urheber des sogenannten Lurija-Nebraska-Tests (einer standardisierten neuropsychologischen Testbatterie) bekannt ist. Diese Testbatterie wurde 1979 nach Lurijas Tod entwickelt; sie würde ihn (wie ich vermute) entsetzt haben, da sie den Prinzipien, die seinen Auffassungen und seiner klinischen Arbeit zugrunde lagen, zuwiderläuft. Er war zwar bei der Entwicklung aller möglichen Tests zur Erfassung kognitiver Leistungen unendlich erfinderisch, wandte diese Tests jedoch stets *im Kontext der individuellen Lebensgeschichte* seiner Patienten an, variierte und verbesserte sie also je nach den Erfordernissen eines Individuums und dessen Geschichte.

Reaktion: «Der *Stil* dieser Bücher ist von Fall zu Fall anders, aber das *Prinzip* bleibt das gleiche!»

Wir dürfen also nicht – um Lurijas Aussage etwas abzuwandeln – die neuropsychologischen Abhandlungen als «rein klassische», dagegen die Geschichten über Schereschewskij und Sassezkij als «rein romantische» Texte auffassen. Beide Textgattungen sind «klassisch» und «romantisch» *zugleich*. Sein ganzes Werk ist die Verkörperung ein und desselben Prinzips, verbindet also überall beide Darstellungsformen miteinander.

Lurija hat oft gesagt, daß er «zwei Arten» von Büchern schreiben wollte. Er selbst faßte jedoch diese zwei Arten als die zwei Seiten ein und derselben Sache auf. Was ist aber das *einheitliche Prinzip*, das seinen Arbeiten zugrunde liegt? Was ist der wirkliche archimedische Punkt Lurijas?

Lurija berichtet darüber, wie er als junger Forscher ums Grundsätzliche rang und zwei gegensätzliche Standpunkte, die eine «Krise» nicht nur in ihm, sondern auch in der wissenschaftlichen Gemeinschaft ausgelöst hatten, miteinander versöhnen wollte. Auf der einen Seite gab es die erklärende, physiologische Psychologie, auf der anderen die beschreibende Psychologie. Zwischen diesen beiden Lesarten – der «klassischen» hier und der «romantischen» dort – der höheren zerebralen und psychischen Funktionen mußte vermittelt, also das Gehirn mit dem Geist zur Einheit gebracht werden. So schrieb er, daß er sich deswegen zu Wygotskij hingezogen fühlte, weil dieser die Notwendigkeit erkannt hatte, besagte Krise zu überwinden; diese Überwindung stellte sich der modernen Psychologie als das wichtigste ihrer Ziele.

Man kann auf verschiedene Weise die Frage zu beantworten suchen, was Lurija mit seiner Forschung tatsächlich gewollt und bezweckt hat. In der Auseinandersetzung mit dieser Frage stoße ich immer wieder auf seine frühesten Pläne und Versuche, als er als Zwanzigjähriger an Freud schrieb. Damals hatte er gerade die Psychoanalytische Vereinigung in Kasan gegründet und war dabei, sein erstes Buch zu Papier zu bringen (Lurija 1923). Wie die romantischen Fallgeschichten des späten Lurija als Verirrungen eines alten Mannes angesehen werden, so wird die frühe Begeisterung für psychoanalytische Dinge als Jugendsünde abgetan. Ignoriert man die Interessen und Arbeiten eines Mannes nur deshalb, weil man nicht sieht, wie sie sich ins Ganze einfügen, so grenzt das an geistige Trägheit, ja an Überheblichkeit. Jeder kann einer «Verirrung» erliegen. Allerdings ist es auch angebracht, billigen Erklärungen, für die der kleinste Aufwand als Ursache gerade gut genug ist, zu mißtrauen und statt dessen nach der Einheit des Schaffens zu suchen – ganz besonders, wenn es um einen Wissenschaftler vom Range Lurijas geht. Denn es ist für große Forscher bezeichnend, daß sie zwar widersprüchliche und ideenreiche Menschen sind, daß ihr Denken jedoch im tiefsten Kern die Widersprüche zur Einheit bringt.* Zudem wissen wir, daß Lurijas psychoanalytische Interessen nicht schlagartig versiegt sind. 1940 verfaßte er den Artikel über die Psychoanalyse für die ‹*Große Sowjetische Enzyklopädie*› und war zeitlebens für psychoanalytische Fragen und Deutungen empfänglich.**

An dieser Stelle ist es wohl angebracht, an die Vielschichtigkeit des Freudschen Ansatzes zu erinnern. Zu diesem Punkt führte Leonard Shengold in seiner Kritik der Triebtheorie Freuds: «Es gibt derzeit viele Theoretiker der Psychologie, die sowohl die Triebe als auch jedweden

* Das kommt in Michael Coles Nachwort zur englischen Übersetzung von Lurijas Autobiographie zum Ausdruck. Anfänglich entdeckte Cole weder im Werk noch in der Lebensgeschichte Lurijas irgendeine Einheit, sondern nahm darin lediglich eine Vielfalt von anscheinend unzusammenhängenden Ansätzen, Arbeitsweisen und Stufen wahr: «Was hatte die kulturvergleichende Arbeit mit der Forschung am Institut für Neurochirurgie zu tun? Warum führte er keine Konditionierungsexperimente mehr durch? Warum füllt er in seiner Fallgeschichte über Schereschewskij ganze Seiten mit Erörterungen der Persönlichkeit dieses ‹Patienten›, wo es doch um dessen Gedächtnis geht?»

Erst später, als er Lurija persönlich kennengelernt, sich in dessen Schriften vertieft und sich mit deren Entstehungsbedingungen vertraut gemacht hatte, kam ihm nach und nach die Einheit zu Gesicht: «...erst jetzt wurde die unzusammenhängende, einem Zickzack gleichende Laufbahn Alexander Romanowitschs plötzlich sinnvoll. Seine psychoanalytischen Interessen erschienen nicht mehr wie eine merkwürdige Verirrung. Seine Nähe zu Wygotskij, seine kulturvergleichenden Feldforschungen in Zentralasien, sein pawlowistischer Stil in den vierziger und fünfziger Jahren und der oft bemerkbare Themenwechsel traten nunmehr als Bestandteile eines komplizierten Musikstücks in Erscheinung, das sich aus einigen wenigen Motiven und vielen Variationen zusammensetzt» (Cole 1979, S. 195–198).

** 1976 sandte ich Lurija die Tonbandaufzeichnung eines Patienten, der an einem gravierenden Tourette-Syndrom litt. Dieser Patient neigte dazu, urplötzlich dem Tic eines Schwalls von Ausrufen zu erliegen: Er nahm die Stimme seines Vaters an und rief «Verboten!!!», wann immer irgendein verbotener Trieb sich meldete. Lurija war von diesem Fall fasziniert und schrieb von der «Strukturierung des Über-Ich» und der «Verinnerlichung der väterlichen Stimme als Tic» (Brief vom 29. Januar 1976 an den Autor).

Zusammenhang zwischen dem Psychischen und dem Biologischen als zu vernachlässigende Größe betrachten. Sie machen aus einem Teil der menschlichen Natur ein Ein-und-alles. Der Mensch wird als eine rein psychische oder gesellschaftliche oder dem Computer nachgebildete oder sprachliche Konstruktion gedeutet (es gibt aber auch solche Forscher, die alles auf das Biologische reduzieren wollen)» (Shengold 1988, S. 2).

Lionel Trilling (vgl. Shengold, a. a. O.) meint nun, daß «der Zusammenhang zwischen dem Biologischen und der Kultur im Schicksal des Menschen etwas ist, das wir noch kaum durchschaut haben», und daß Freuds Betonung des Biologischen «in Wirklichkeit wie ein Befreiungsschlag wirkt. Es wird damit nämlich angezeigt, daß die Kultur nicht allmächtig ist... und daß es einen Rest an menschlicher Natur jenseits des Machtbereiches der Kultur gibt.» Man könnte ergänzen, Lurijas Betonung der Kultur ist auch ein Befreiungsschlag gewesen: Denn auch das Biologische ist nicht allmächtig, die menschliche Natur wird nicht ausschließlich durch die bei der Geburt mitgegebene neurophysiologische und biologische Ausstattung determiniert, sondern kann durch die Lebenserfahrung und durch die Kultur verändert und bereichert werden. Lurija geht sogar einen Schritt weiter. Er weist auf die Rolle der Geschichte, der Kultur, des gesellschaftlichen Verkehrs nicht nur als Quelle der Veränderung, sondern nachgerade als Bedingung der Möglichkeit höherer kortikaler Funktionen hin. Die Entwicklung der Sprache – eines der ersten Themen, denen sich der junge Lurija zugewandt hat* – hat er nie als automatische Reifung der «Sprachfelder» des Gehirns aufgefaßt, sondern als Ergebnis der Mutter-Kind-Interaktion, in deren Verlauf Wortbedeutungen «ausgehandelt» werden, wobei gerade das Voraussetzung für die Strukturierung und Entwicklung der neurolinguistischen Systeme des Gehirns ist.**

* Vgl. zum Beispiel Lurija und Judowitsch 1982. Dieses Buch, das im Original in den späten fünfziger Jahren veröffentlicht wurde, beruht auf Forschungsergebnissen, die viele Jahre zuvor – in der Zeit der Zusammenarbeit mit Wygotskij – zusammengetragen worden sind. Es ging also aus der Anwendung des Ansatzes Wygotskijs auf «klinische Fälle» hervor.

** Da die Sprache eine zwischen zwei oder mehreren Menschen stattfindende Interaktion voraussetzt, hat sie auch mit dem *Spiel* zu tun; durch das Spiel bestimmte sich für Lurija nicht weniger als für Wygotskij der Bereich der Spontaneität oder der Freiheit. Zu erstaunlich ähnlichen Einsichten gelangte der Psychoanalytiker Donald W. Winnicot, der auch von dem das Kind und die Erwachsenen einbindenden «Zwischen-

Lurijas frühe Bewunderung für Freud wurde durch den Gedanken, der Begründer der Psychoanalyse sei doch etwas zu deutlich biologistischen Strömungen erlegen, gedämpft; doch damals hatte sich der «späte» Freud eben noch nicht zu Wort gemeldet. Als junger Forscher mußte sich Lurija von der dogmatischen, streng physiologischen Definition der Psychologie durch Bechterew und Pawlow lösen. Nach dieser Definition war das Subjektive – die *Psyche* in der Psychologie – kein Gegenstand der Forschung, die sich strikt an den objektiven, reflexologischen Standpunkt zu halten hatte.

Das war also die Krise, mit welcher der junge Lurija nicht weniger als jeder anspruchsvolle Psychologe seiner Generation konfrontiert war. Der der klinischen Beobachtung zugrundeliegende Naturalismus, die beschreibende Psychologie des 19. Jahrhunderts, war zusammengebrochen, da er begrifflich und wissenschaftlich auf sandigem Boden gestanden hatte. An seine Stelle war der neue, reduktionistische Wissenschaftsglaube getreten, auf dem die physiologische Psychologie, die Reflexologie und der Behavorismus aufbauten. Diese Richtungen konnten aber bestenfalls ausgeprägt automatische, animalische Reaktionen erklären; zudem leugneten sie die komplexe Subjektivität des Menschen. So gab es nur die «alte» Psychologie, der die Wissenschaftlichkeit fehlte, und die «neue» Psychologie ohne Psyche, aber eigentlich keine wissenschaftliche Psychologie. Eine Wissenschaft von der *Natur des Menschen* war weit und breit nicht zu sehen, und es schien eine solche Wissenschaft auch gar nicht existieren zu können. Auf dieser merkwürdig abstoßenden und geistlos leeren Bühne trat dann Freud mit seinen Vorschlägen für eine wissenschaftliche Psychologie auf.* Für Lurija und viele intellektuell und wissenschaftlich nach neuen Horizonten strebende Psychologen seiner Generation bot Freud gleichsam die Erlösung an. Obwohl einige psychoanalytische Lehrsätze anstößig oder unverständlich waren, eröffneten sie der Wissenschaft doch neue Wege. Sie zeichneten die befreiende Überwindung der Krise der Psychologie vor und kamen dem von Wygotskij und Lurija erträumten Ansatz weit entgegen. Welche Ein-

reich» der Interaktion, von «Übergangsobjekten und -phänomenen» und vom Spiel und der Kultur, die aus diesem Zwischenreich hervorgehen, sprach. Er deutete das Spiel als Befreiung von den triebbedingten Bindungen.

* Freud verfaßte 1895 seinen ersten Entwurf einer wissenschaftlichen Psychologie, den er jedoch schnell als zu biologistisch verwarf.

wände Lurija gegen Freuds «Biologismus» auch vorbringen mochte, so wogen diese viel weniger als die revolutionäre Erkenntnis, daß das Subjektive, das Bewußte, das Mentale in all seinen Formen und mit seiner ganzen Vielschichtigkeit ein der wissenschaftlichen Forschung würdiger Gegenstand ist.

Dies ist denn auch – wie mir scheint – der Schlüssel zu Lurijas Begeisterung für Freud und zur *heuristischen* Wirkung, die die Psychoanalyse auf den sowjetischen Neuropsychologen ausgeübt hat, gleichgültig, welche Vorbehalte er gegenüber der psychoanalytischen Vorgehensweise später geäußert haben mag. Freud bot das *allgemeine Prinzip* an, das Lurija gesucht hatte – das einzige haltbare Prinzip der wissenschaftlichen Erforschung der menschlichen Psyche, das gleichermaßen und gleichzeitig auf die biologischen Tiefen der menschlichen Natur und auf die Höhen der gesellschaftlichen Interaktionen zu blicken erlaubte. Kurzum: die Psychoanalyse machte eine Wissenschaft der Natur *und* der Kultur möglich.

Aber die beiden Zweige in Lurijas Ansatz entwickelten sich nicht zeitgleich. Zwischen Freud und Lurija macht sich ein faszinierender Unterschied bemerkbar. Jener fing als Biologe und Neurologe an und drang erst später zum geistigen Leben vor, wogegen dieser als kulturvergleichender Relativist und Psychologe in eindeutig soziogenetischer Orientierung begann und erst danach zur Neurophysiologie und Biologie vorstieß. Mehr als die Hälfte der Autobiographie behandelt die frühen Jahre bis 1934, als Lurija mit Wygotskij die Entwicklung der psychischen Funktionen beim Kind, beim Behinderten und in primitiven Gesellschaften untersuchte. In dieser ersten Phase bezichtigte er Freud des Biologismus und warf ihm vor, rein biologischen Faktoren in der Entwicklung zuviel Gewicht beigemessen zu haben. Man kann allerdings den Spieß auch umdrehen und Lurija vorhalten, die Rolle der Physiologie und der Biologie unterschätzt und das *Körperliche* im Mentalen verkannt zu haben. Lurija ist hoch anzurechnen, daß er in den dreißiger Jahren die notwendige Einbeziehung der Physiologie und Biologie mutig vorangetrieben hat. Obwohl er bereits als Dozent der Psychologie tätig war, nahm er ein früher abgebrochenes Medizinstudium erneut auf (Wygotskij soll das gleiche getan haben, doch starb er kurz danach). Über seine Begeisterung für das (für ihn neuartige) Studium der Neurologie und über die dadurch erzielte Fundierung seiner Auffassungen im Organischen berichtet er in seiner Selbstdarstellung mit bewegten Worten: Er spricht von jener Periode als von der für ihn fruchtbarsten Zeit seines Lebens. Die beiden Provinzen der Neuropsychologie – das «Neurale» und das «Psychische» – wurden einander angenähert, vor allem dadurch, daß Lurija nunmehr mit dem klinischen Blick auf das Rätsel der Sprache und vor allem auf die Ausfälle des Sprechens in der Aphasie zurückkam:

«Mein Interesse an sprachlichen Phänomenen erwuchs ganz selbstverständlich aus meinen frühen Forschungen nach der Methode der motorischen Kopplung und aus Wygotskijs Theorie, die die vermittelnde Rolle der Sprache im Verhältnis zwischen Mensch und sozialer Umgebung unterstreicht. Ernsthafte Sprachstudien jedoch unternahm ich erst im Rahmen meiner neuropsychologischen Forschungen zur sensorischen und semantischen Aphasie... Als ich dann begann, die zerebrale Grundlage sprachbezogenen Verhaltens zu untersuchen, fand ich es an der Zeit, mein Studium der Sprachpsychologie fortzusetzen. Wie die Ergebnisse der Neurologie und Neurophysiologie für unsere Analyse der Mechanismen des Gehirns von großem Nutzen waren, so trugen die Fortschritte in der Linguistik wesentlich dazu bei, unser Verständnis der durch lokale Hirnschädigungen hervorgerufenen Sprachstörungen zu vertiefen. Diese beiden Stränge meiner Arbeit waren untrennbar miteinander verbunden.»

Erst als sich Lurija der Tragweite des Biologischen tatsächlich bewußt wurde – er sprach in diesem Zusammenhang von der «Neurodynamik» der Nerventätigkeit, übrigens in Analogie zu der von Freud beschriebenen «Psychodynamik» –, konnte er die Zweieinigkeit der Neuropsychologie (als einer Wissenschaft, die aus zwei Wissenschaften besteht) vollenden. Und wieder fällt einem die Gleichläufigkeit zur Psychoanalyse auf: Die Neuropsychologie beschäftigt sich mit den höheren kortikalen Funktionen und den kognitiven Tätigkeiten des Menschen, die Psychoanalyse mit den Trieben und den Funktionen des Ichs. Beide wurzeln also im Biologischen *und* Sozialen, in der Natur *und* in der Kultur. Und erst als diese neue Synthese vollzogen war, zeichnete sich für Lurija die Möglichkeit ab, die Krise der Psychologie, die ihn jahrelang bedrängt hatte, zu überwinden, so daß er das Objektive und das Subjektive, das Physiologische und das Phänomenologische, das Klassische und das Romantische, das Erklärende und das Beschreibende miteinander zur Versöhnung zu bringen vermochte. Das also war der Weg, auf dem die «unmögliche Verbindung» (wie der Philosoph David Hume einst geschrieben hat) zwischen der Anatomie und der Kunst eben doch zu vollbringen war. Der

Schlüssel zu dieser Verbindung bestand darin, das Individuum als *Lebewesen* zu begreifen, das in seinen organischen Funktionen und Trieben lebt, diese aber transzendiert, und das durch seinen Organismus in die Tiefen der Natur hinein- und durch seine Individualität in die Höhen der Kultur und der Geschichte hinaufragt.

Wie aber stellt sich diese «unmögliche Verbindung» von Anatomie und Kunst eigentlich dar? Durch die *biologische Biographie* (wenn diese denn doch möglich sein soll), in der alle Determinanten der Persönlichkeitsentwicklung aufeinander bezogen werden, so daß daraus die Einmaligkeit des Individuums herausgelesen werden kann. Also geht es um Fallgeschichten, und doch um mehr als um bloße Fallgeschichten, in denen über die Entstehung eines Syndroms berichtet wird. Was Lurija nun ins Auge faßte, das war das anatomisierte Totalporträt des leidenden Individuums. Einmal mehr war Freud der Pate des Gedankens, als Lurija die großartigen Porträts – zugleich aber auch die anatomischen Studien – Schereschewskijs und Sassezkijs zeichnete. Freuds meisterhafte anatomisierende Biographien waren so zum Maßstab geworden: Sie waren das stilistische Vorbild Lurijas, wie er zuvor schon die psychoanalytische Lehre zum Vorbild eigener theoretischer Überlegungen gekürt hatte.

Nicht anders als Freud witterte Lurija die Gefahr des rein beschreibenden Naturalismus und der reduktionistischen Wissenschaft. In beiden Bereichen war also eine neue Denkweise erforderlich, die die Stärken der romantischen und der klassischen Wissenschaft miteinander verband und deren Schwächen tunlichst vermied. Dazu Lurija:

«Natürlich haben Beobachtung und Beschreibung auch ihre Mängel. Die Beschreibung unmittelbar wahrgenommener Erscheinungen kann den Beobachter zu Pseudoerklärungen verführen, die auf seinem subjektiven Verständnis der Phänomene gründen. Derlei Irrtümer setzen den Wert wissenschaftlicher Analysen aufs Spiel, jedoch nur dann, wenn die phänomenologische Beschreibung oberflächlich und unvollständig bleibt. Einer wirklichen wissenschaftlichen Beobachtung droht diese Gefahr nicht. Sie erfaßt nicht nur Einzelfakten; ihr Ziel besteht darin, ihr Objekt aus so vielen Perspektiven wie möglich zu betrachten... Beobachtung und Beschreibung psychischer Tatsachen müssen den gleichen Weg einschlagen. Die klinischen und psychologischen Beobachtungen haben nichts mit klassischem Reduktionismus gemein. Solche Beobachtungen richten sich auf die wichtigsten Merkmale oder Primärfaktoren, die einem Syndrom zugrunde liegen, und danach auf ihre ‹systemischen›

Konsequenzen. Erst wenn die Primärfaktoren und ihre Folgen erforscht sind, kann ein umfassendes Bild entstehen. Endpunkt der Beobachtung ist also das Aufdecken eines Netzwerks wesentlicher Zusammenhänge. Richtig verstanden und umgesetzt erreicht auch die Beobachtung das Ziel der klassischen Tatsachenerklärung, ohne das Ziel der romantischen Bewahrung mannigfaltiger Subjektivität zu vernachlässigen.»

Wir haben nunmehr den letzten Abschnitt auf dem langen Weg, von dem Lurija oft spricht und den er selbst von Anfang bis zum Ende gegangen ist, erreicht. Jede Beobachtung beginnt beim Konkreten. Doch wenn wir das Konkrete zergliedern, analysieren und «wissenschaftlich» behandeln, geht es verloren. Erforderlich ist also eine dritte Stufe – die der Synthese –, auf der das Konkrete und das Analytische wieder zusammengeführt werden. Auf diese Weise wird das Konkrete zurückgewonnen, nicht als eine bloße Gegebenheit, als ein für sich bestehendes Etwas, sondern in einem Netzwerk von determinierenden Beziehungen, das heißt als ein Beispiel oder als ein Sinnbild für ein ganzes begriffliches Universum.*

Dieser lange dreistufige Weg wurde von William James in einer Denkschrift über seinen Lehrer Louis Agassiz erörtert. Agassiz war in der Mitte des vorigen Jahrhunderts mit einer leidenschaftlichen Vorliebe für das Konkrete nach Cambridge gekommen. Gegen Ende des Jahrhunderts war aber – so James – der Naturalismus seines Lehrers obsolet und durch einen allerdings trockenen und armseligen Reduktionismus verdrängt worden. «Die Wahrheit der Dinge ist letztlich doch die Fülle des Lebendigen. Eines Tages werden unsere Nachfahren mit all unseren analytischen Untersuchungen im Kopf die Natur anders und mit mehr Feingefühl betrachten, als es irgendeinem Forscher aus der Generation Agassiz' möglich war» (James 1911, S. 15).

* Diese drei Stufen lassen sich an Darwins Werk veranschaulichen. Seine frühen Arbeiten über verschiedene Vogelarten sind rein deskriptiv; es fehlt ihm ein theoretischer Rahmen, der sich erst entwickeln muß, bis er in dem Buch über den Ursprung der Arten entfaltet wird. Aber Darwins zauberhaftestes Werk über die Befruchtung der Orchideen folgt erst danach. In diesem Werk macht sich die Wiedergewinnung des Konkreten vor dem Hintergrund eines groß angelegten begrifflichen Universums bemerkbar. Darwin liebte offensichtlich Orchideen – das kommt in gewissen lyrischen Zügen seines Buches zum Ausdruck. Diese Pflanzen werden nicht als statische Gegenstände, sondern als wunderbare, lebendige und erfindungsreiche Beispiele der Evolution gezeichnet. Auf diese Weise erfährt bei Darwin das Konkrete eine wahre Transfiguration.

Ich habe diese Stelle einmal in einem Brief an Lurija zitiert. Er mochte sie und stimmte dem Inhalt zu, unter der Voraussetzung allerdings, daß über das mit Feingefühl Betrachtete nicht hinausgegangen werde: Es gehe allein um die Gesamtheit der Daseinsbedingungen des Menschen.

Der Aufstieg zum Konkreten war Lurijas oberstes Ziel – und dieser Aufstieg ist gleichbedeutend mit romantischer Wissenschaft. Ist das menschliche Leben (nicht ein Atom oder ein Gestirn) Gegenstand der Untersuchung, dann analysiert man nicht einfach das Leben in einem theoretischen Sinne, sondern ein *bestimmtes* Leben. Die Schilderung und wissenschaftliche Abbildung eines individuellen Lebens, die Lurija in seinen neurologischen Geschichten angestrebt hat, bildet also den Höhepunkt und die Vollendung seiner Wissenschaft.

In jungen Jahren mochte Lurija, wie er uns berichtet, besonders die ‹*Imaginären Porträts*› Walter Paters. Die Idee des Porträts – nicht eines fiktiven, sondern eines realen Porträts – verfolgte ihn sein Leben lang. Um jedoch die Zeichnung von Porträts wissenschaftlich zu untermauern, mußte er zuerst breit angelegte Untersuchungen über die biologischen und kulturellen Grundlagen des Verhaltens durchführen, das heißt die Neuropsychologie aufbauen. Erst so konnte er seinen Jugendtraum verwirklichen.

In beiden neurologischen Geschichten, sagt Lurija, «beschrieb ich eine reale Person und die Gesetze ihres geistigen Lebens. Ich wählte diese Menschen, weil jeder von ihnen einen Wesenszug aufwies, der bei der Herausbildung seiner Persönlichkeit eine entscheidende Rolle gespielt hatte und der ihn von allen anderen Menschen unterschied. Ich versuchte, diesen Wesenszug mit Sorgfalt zu untersuchen und aus ihm die anderen Merkmale seines Charakters abzuleiten. S. W. Schereschewskij, der Protagonist des ersten Buches, war ein berühmter Gedächtniskünstler. Sein außerordentliches Gedächtnis war ein Wesenszug, der all seine anderen Eigenschaften dominierte. Jedoch war nicht das Gedächtnis selbst Thema meiner Geschichte, sondern sein Einfluß auf die Persönlichkeit Schereschewskijs.» – «Im Gegensatz dazu begann meine zweite im Stil der romantischen Wissenschaft verfaßte Arbeit nicht mit einer überragenden Fähigkeit, sondern mit einer Katastrophe, die die Geisteskräfte eines Menschen zerstört hatte.» – «Ich beobachtete diesen Kranken mehr als drei Jahrzehnte lang. Das Buch über ihn ist durchaus kein ‹imaginäres Porträt›. Sassezkij existiert... Ich wollte zeigen, wie eine solche Verletzung empfunden wird. Aber das Buch enthält auch andere

Passagen, in denen ich die psychische Struktur der Beeinträchtigung erläutere und deren Bezug zur Hirnverletzung untersuche.»

Lurija beschließt seine Ausführungen mit der Bemerkung, daß er gern eine dritte, womöglich eine ganze Reihe derartiger Geschichten geschrieben hätte: «Ich könnte einen Menschen mit vollständigem Gedächtnisverlust und seine Persönlichkeitsveränderung infolge dieses Verlustes beschreiben. Ebenso könnte ich einen Menschen mit einer Schädigung der Stirnlappen porträtieren, die einen vollständigen Zerfall seiner Fähigkeiten zur Formulierung von Zielen und Plänen bewirkt hatte... Zuerst muß ein Mensch mit außergewöhnlichen Eigenschaften, mit der Überentwicklung eines Charakterzugs oder mit irgendeiner geschädigten primären Funktion und einer dadurch verursachten völligen Veränderung der Persönlichkeit ausfindig gemacht werden. Dann sind Jahrzehnte auf die Untersuchung dieser ‹nichterfundenen Geschichte› zu verwenden, indem der Forscher die Hauptfaktoren herauskristallisiert und Schritt für Schritt das Syndrom zusammensetzt.»*

Der Ausdruck «zusammensetzen» ist in diesem Zusammenhang ausschlaggebend. Vielleicht wäre es sogar angebracht, von Rekonstruktionen zu sprechen. Ziel der Psychoanalyse ist die Rekonstruktion der menschlichen Natur bei spezieller Betonung der Psychodynamik. Das oberste Ziel der Neuropsychologie besteht darin, die menschliche Natur aus der Neurodynamik heraus zu rekonstruieren. Derartige Rekonstruktionen, die einem exemplarisch ein dramatisches Geschehen nahebringen, bilden den Kulminationspunkt der romantischen Wissenschaft.

Die Konstruktionen der Physik oder der Biologie mögen lyrisch sein. Doch unpersönlich sind sie allemal. In den Orchideen oder den Würmern steckt keine «Geschichte» – jedenfalls keine *persönliche* Geschichte, kein Drama, keine Verstrickung. Deshalb ist die Kunst des Geschichtenerzählens, der Narration, für deren Beschreibung nicht erforderlich. Ganz anders verhält es sich mit der Natur des Menschen. Da geht es dramatisch zu; überall stößt man auf Absichten und Pläne und Fehlhandlungen. Die Erforschung des Menschen setzt das Wahrnehmen und Berichten einer Geschichte voraus, sie beruht auf einer narrativen Struktur und erfordert sowohl Sensibilität wie Wissenschaftlichkeit. Stets sind zwei Denkweisen geboten – die eine wird von Jerome Bruner als paradigmatisch be-

* Angeregt durch derartige Gedanken, die Lurija in seinen Briefen an mich formuliert hatte, schrieb ich die Geschichte «Der verlorene Seemann» (Sacks 1990).

zeichnet, die andere als narrativ.* Beide Denkweisen müssen derart ineinander verschränkt sein, daß sie etwas hervorbringen, das mehr ist, als was jede einzeln je zu leisten imstande ist.

Wahre Geschichten schreiben, Lebenszusammenhänge rekonstruieren, das Wesen und die Bedeutung eines ganzen Lebens zur Darstellung bringen: das ist der Endzweck jeder Humanwissenschaft und jeder Psychologie. William James hat dies in den letzten Jahren des 19. Jahrhunderts geahnt. Von der Verwirklichung dieses Endzwecks konnte er aber nur träumen (siehe oben). Wir dagegen sind privilegiert, weil wir in unserer Gegenwart mit den «nichtimaginären Porträts» aus der Feder Freuds und Lurijas zumindest die ersten Schritte auf dem Weg zu diesem Ziel miterleben konnten. «Das ist nur der Anfang» oder «Ich bin höchstens ein Anfänger», sagte Lurija oft. Ein ganzes Leben verwandte er darauf, diesen Anfang zu vollenden. Einmal schrieb er mir: «Ich habe stets den Wunsch gehabt, eine romantische Wissenschaft zu begründen – oder wieder zu begründen» (Brief vom 19. Juli 1973). Er *hat* sich aber diesen Wunsch erfüllt und eine neue Wissenschaft begründet – die neueste Wissenschaft und doch, vielleicht, die älteste aller Wissenschaften...

* Vgl. «Two Modes of Thought» in Bruner 1986, S. 11–43.

Lehrjahre

Mein beruflicher Lebensweg begann in den ersten Jahren der Oktoberrevolution. Dieses außergewöhnliche Ereignis hat mein Leben und das aller, die ich kannte, entscheidend beeinflußt. Von vornherein war klar, daß ich zu einer geordneten und systematischen Ausbildung kaum Gelegenheit haben würde. Statt dessen bot mir das Leben die stimulierende Atmosphäre einer aktiven und sich schnell wandelnden Gesellschaft. Meine ganze Generation ließ sich durch die Energie der revolutionären Veränderungen anstecken – eine befreiende Energie, die Menschen spüren, wenn ihre Gesellschaft in kürzester Zeit gewaltige Fortschritte macht.

Als die Revolution von 1917 ausbrach, war ich ein fünfzehnjähriger Junge. Unsere Familie wohnte in Kasan, einer alten Universitätsstadt mit damals 140000 Einwohnern, tausend Kilometer östlich von Moskau an der Wolga gelegen. Mein Vater war Arzt, Spezialist für Magen- und Darmerkrankungen, der am Medizinischen Institut in Kasan unterrichtete. Nach der Revolution gründete er dort ein Institut für ärztliche Weiterbildung und ging einige Jahre später als stellvertretender Direktor des Zentralen Instituts für ärztliche Weiterbildung nach Moskau. Meine Familie war typisch für die russische «Intelligenzija». Wir hielten uns für progressiv und hatten keine religiösen Bindungen. Obwohl wir mit der revolutionären Bewegung sympathisierten, waren wir nicht unmittelbar an ihr beteiligt.

Aus heutiger Sicht fällt es schwer, die einschnürende Atmosphäre im zaristischen Rußland zu verstehen. Die vorrevolutionäre russische Gesellschaft war geteilt in streng abgegrenzte Klassen: Arbeiter und Bauern, Intellektuelle (Physiker, Lehrer und Ingenieure), Kauf- und Geschäftsleute, Aristokraten und hohe Regierungsbeamte. Die Revolution veränderte alles. Sie beseitigte die Klassenschranken und eröffnete uns neue Perspektiven. Zum erstenmal konnten Menschen in Rußland ihren Lebensweg ungeachtet der sozialen Herkunft gestalten.

Lurijas Familie um 1920: die Mutter, Jewgenija Wiktorewna, die 1908 geborene Schwester Lidija Romanowna («Ljussa»), der Vater Roman Albertowitsch, der Sohn Alexander Romanowitsch

Die Revolution weckte in uns, besonders in der jungen Generation, ein Interesse für neue Ideen, für Philosophie und Soziologie. Weder ich noch meine Freunde hatten eine wirkliche Vorstellung vom Marxismus oder von der Theorie des wissenschaftlichen Sozialismus. Unsere Diskussionen bewegten sich im Rahmen des utopischen Sozialismus, der damals in der Luft lag. Obwohl meine Freunde und ich keine Ahnung von den eigentlichen Ursachen der Revolution hatten, verschrieben wir uns sofort mit Herz und Seele der neuen Bewegung. Mein Enthusiasmus entsprang mehr einem starken romantischen Gefühl für die Ereignisse jener Zeit als einer gründlichen intellektuellen Bewertung der gesellschaftlichen Wurzeln.

Die Revolution veränderte unsere Lebensweise grundlegend. Plötzlich ergaben sich Möglichkeiten, die weit über den engen Horizont von Familie und Freundeskreis hinausgingen. Unsere privaten Interessen wurden verdrängt durch die größeren sozialen Ziele einer kollektiven Gesellschaft.

Die neuen Verhältnisse beeinflußten auch den Verlauf meiner Ausbildung. 1917 hatte ich erst sechs von acht Klassen des Gymnasiums absolviert. Die fünf wöchentlichen Lateinstunden, in denen wir aus dem Stegreif über verschiedene Themen schreiben mußten, sind so ziemlich die einzige Erinnerung an meine Gymnasialzeit. Später erwies sich dieser Lateinunterricht als sehr nützlich, weil er mir half, Englisch, Französisch und Deutsch zu lernen. Statt meine Schulausbildung regulär zu Ende zu bringen, machte ich meinen Abschluß im Jahr 1918, indem ich, wie viele meiner Mitschüler, Schnellkurse besuchte.

Ich ging dann auf die Universität von Kasan. Dort herrschte ein kaum vorstellbares Chaos. Die Universitäten standen allen Absolventen der Mittelschulen weit offen; nur fehlte vielen von ihnen die Voraussetzung für eine Hochschulausbildung. Tausende von jungen Leuten begannen ihr Studium an den Universitäten, denen es an fast allem mangelte, vornehmlich an Professoren, die auf die Arbeit unter den veränderten Bedingungen vorbereitet waren. Manche der alten, konservativen Professoren waren gegen die Revolution; andere, die dem Umbruch wohlwollend gegenüberstanden, hatten keine klare Vorstellung von seinen Auswirkungen auf das Bildungswesen.

Das traditionelle Lehrangebot enthielt damals noch Fächer wie Geschichte des Römischen Rechts und Theorie der Rechtswissenschaft, die auf die vorrevolutionäre Gesellschaft zugeschnitten und nun vollkommen ungeeignet waren. Keiner wußte, wie die neuen Programme aussehen sollten, und unsere Professoren waren ratlos. Ich erinnere mich an die rührenden Versuche eines Professors, der seit vielen Jahren Vorlesungen über Römisches Recht gehalten hatte, sich an die neue Situation anzupassen. Er änderte den Namen seines Kurses in «Soziale Grundlagen des Rechts». Aber seine Versuche, die Vorlesungen zu modernisieren, waren hoffnungslos. Bedeutend besser war die Situation in der Medizin, in Physik, Mathematik und Chemie, doch in den Gesellschaftswissenschaften, die ich studierte, herrschte völlige Kopflosigkeit.

Unter diesen Umständen verstärkten sich die studentischen Aktivitäten. In unzähligen Versammlungen von Studentengruppen und wissenschaftlichen Vereinigungen diskutierte man über Politik und die Gesellschaft der Zukunft. Ich beteiligte mich an vielen dieser Diskussionen und begann mich unter ihrem Einfluß für den utopischen Sozialismus zu interessieren. Von ihm glaubte ich, er könne mir helfen, die künftigen Entwicklungen besser zu verstehen.

Diese Debatten weckten auch mein Interesse an einigen Grundfragen zur Rolle des Menschen bei der Gestaltung der Gesellschaft: Wie entstehen soziale Ideen? Wie entwickeln sie sich? Wie greifen sie um sich? Und

Kasan, Universität und Rotes Tor

wie werden sie zu einer treibenden Kraft, die soziale Konflikte und Veränderungen bewirkt?

Ich suchte nach Büchern zu diesen Fragen. Ich erinnere mich an das Buch von Lew Jossifowitsch Petrashizkij * über die psychologischen Wurzeln des Rechts und der Emotionen. Ich erinnere mich auch an den ‹*Versuch einer Theorie der Bedürfnisse*› des deutschen Nationalökonomen Lujo Brentano **, das ich sogar ins Russische übersetzte und über die Vereinigung der Studenten der Gesellschaftswissenschaften herausgab. Unter dem Einfluß beider Bücher beschloß ich, einen konkreten psychologischen Ansatz zu entwickeln, um die Ereignisse des gesellschaftlichen Lebens zu untersuchen. Ich verstieg mich sogar zu dem naiven Plan, ein Buch über diese Themen zu verfassen. Derartige Projekte waren typisch für die Zeit, und obwohl ich ein solches Buch nie hätte schreiben können, übten ehrgeizige Absichten wie diese großen Einfluß auf meine intellektuelle Entwicklung aus.

Ich fand wenig Wertvolles in der trockenen akademischen Psychologie der vorrevolutionären Zeit, die damals an den Universitäten vorherrschte und die unter dem Einfluß der deutschen Philosophie und Psychologie stand. Die meisten Psychologen widmeten sich noch immer Problemen, die viele Jahre vor ihnen Wilhelm Wundt, die Würzburger Schule und der Neukantianismus aufgeworfen hatten. Die Psychologen vertraten die Ansicht, der Gegenstand der Psychologie sei die unmittelbare Erfahrung. Um sie zu erforschen, sammelten sie introspektive Berichte, die Menschen über ihre unmittelbaren Empfindungen unter streng kontrollierten Laborbedingungen abgaben. Danach wurden diese Berichte analysiert, um die Grundelemente des menschlichen Geistes und die Art ihres Zusammenspiels zu erschließen.

Dieser Ansatz führte zu endlosen Debatten. Wie sorgfältig die Experimente auch durchgeführt wurden, man konnte sich nicht darüber eini-

* Lew Jossifowitsch Petrashizkij (1867–1931), Rechtstheoretiker, war Professor an der Universität Sankt Petersburg, emigrierte 1918 nach Warschau. Seine Abhandlung über die Motive menschlichen Handelns erschien 1904, sein Buch ‹*Einführung in das Studium des Rechts und der Ethik: Gefühlspsychologie*› kam 1908 in dritter Auflage in Sankt Petersburg heraus.

** Lujo (eigentlich Ludwig Josef) Brentano (1844–1931) lehrte Nationalökonomie an verschiedenen deutschen Universitäten, war Mitbegründer des «Vereins für Socialpolitik»; man rechnet ihn zu den sogenannten Kathedersozialisten. Sein ‹*Versuch einer Theorie der Bedürfnisse*› erschien im Jahre 1908.

gen, welches denn nun die grundlegenden Elemente sein sollten. Psychologie dieser Art war für mich auch aus einem anderen Grund nicht interessant. Der klassische deutsche Assoziationismus stützte sich auf Annahmen über die Gesetze der Assoziationen, die auf die Griechen zurückgingen. Mir gefiel Harald Höffding*, der dagegenhielt, das Gedächtnis ließe sich mit Hilfe der Assoziationsgesetze nicht erklären. Höffdings Argument war überzeugend: Wenn sich zwei Elemente, *a* und *b*, assoziieren, weil sie gemeinsam auftreten, welcher Mechanismus könnte dann dafür sorgen, daß die neue Erfahrung *A* eine Erinnerung an *b* hervorruft? Wundt hätte gesagt, *A* sei mit *a* assoziiert, das seinerseits die Erinnerung an *b* auslöse. Aber wenn *A* zum erstenmal auftritt, wie kann es sich da mit *a* assoziieren? Die Assoziationisten meinten, *A* und *a* seien irgendwie «gleichartig». Doch ihre Theorien enthielten keine Erklärung für diese Gleichartigkeit, wenn sie nicht wiederum selbst auf dem Prinzip der Assoziation beruhte. Obwohl Höffding die Schwächen des einfachen Assoziationismus bloßlegte, akzeptierte er dennoch die damals üblichen Methoden zum Sammeln und Analysieren psychologischer Daten. Ich war mit seiner Kritik einverstanden, aber sie ging mir nicht weit genug. Mich enttäuschte, wie trocken, abstrakt und wirklichkeitsfern all die Argumente schienen. Ich träumte von einer Psychologie, die nicht länger aus intellektuellen Abstraktionen hervorgehen und im Labor entworfen würde – eine Psychologie, die sich tatsächlich den Menschen und ihrem Leben zuwendet. Ich wollte eine nützliche Psychologie, die unseren Diskussionen über neue Arten des Zusammenlebens eine Grundlage bieten könnte.

So suchte ich nach Alternativen in den Arbeiten von Wissenschaftlern, die der ausschließlich im Laboratorium betriebenen Psychologie kritisch gegenüberstanden. In dieser Hinsicht beeinflußten mich Arbeiten der deutschen Neukantianer wie Rickert, Windelband und Dilthey. Besonders interessant war Wilhelm Dilthey (1833–1911), der sich mit den realen Motiven beschäftigte, die Menschen antreiben, und mit den Idealen und Grundsätzen, die ihre Handlungen steuern. Er machte mich mit dem Begriff «reale Psychologie» bekannt, die den Menschen als ganzheitliches, dynamisches System erfaßte. Für Dilthey bildete das wahre Ver-

* Harald Höffding (1843–1931), Professor der Philosophie und der Psychologie in Kopenhagen, verfaßte unter anderem eine ‹*Psychologie in Umrissen auf Grundlage der Erfahrung*›, die 1887 in deutscher Übersetzung veröffentlicht wurde.

ständnis der menschlichen Natur die Grundlage dessen, was er als «Geisteswissenschaft» bezeichnete. Dies war keine Psychologie der Lehrbücher, sondern eine praktische Psychologie, die auf dem Verstehen menschlichen Lebens und Handelns gründete. Eine Psychologie, die menschliche Werte beschrieb, ohne sie von ihren inneren Mechanismen her mit Hilfe physiologischer Analysen zu erklären.

Diese Ideen wurden für mich noch klarer, nachdem ich die Kritik Wilhelm Windelbands (1848–1915) und Heinrich Rickerts (1863–1936) an Dilthey gelesen hatte. Sie warfen die Frage auf, ob die Psychologie eine Naturwissenschaft sei wie Physik und Chemie oder eine Geisteswissenschaft wie Geschichte. Die Methoden der Naturwissenschaften unterscheiden sich von denen der Geisteswissenschaften. Naturwissenschaftliche Gesetze stellen Verallgemeinerungen dar, die auf eine Vielzahl einzelner Fälle anwendbar sind. So lassen sich etwa die Gesetze, die die Beschleunigung von Gegenständen im freien Fall beschreiben, im allgemeinen auf jedes frei fallende Objekt übertragen. Sie werden als «nomothetische» Gesetze bezeichnet; im Unterschied dazu beziehen sich «idiographische» Gesetze auf Ereignisse und Menschen als individuelle Fälle und nicht als Objektivationen eines Naturgesetzes.

Obwohl mich Diltheys Vorstellungen von einer realen Psychologie beeindruckten, war ich überzeugt, daß sein beschreibender Ansatz unzureichend war. Ich wollte eine Psychologie, die diesen Konflikt überwindet und einerseits die konkreten Fakten des geistigen Lebens einzelner Menschen beschreibt, andererseits aber nicht darauf verzichtet, allgemeine, erklärende Gesetze aufzustellen.

In dieser Zeit machte ich mich mit den frühen Arbeiten der psychoanalytischen Schule bekannt. ‹*Die Traumdeutung*› von Sigmund Freud und mehrere seiner frühen Bücher waren ins Russische übersetzt*, andere seiner Arbeiten, wie auch Bücher von Alfred Adler und Carl Gustav Jung (einschließlich der von Jung herausgegebenen ‹*Diagnostischen Assoziationsstudien*›) waren in deutschen Ausgaben zugänglich. Meiner Meinung nach hatten viele Ideen von Freud spekulativen und phantastischen Charakter, aber die Erforschung emotionaler Konflikte und Komplexe mittels der Methode der freien Assoziation schien mir vielversprechend.

* Eine russische Übersetzung von Freuds ‹*Traumdeutung*› ist 1913 in Moskau erschienen. Die Psychoanalyse wurde in der Zeit zwischen 1905 und 1925 in Rußland ausgiebig und kontrovers debattiert.

Hier glaubte ich einen wissenschaftlichen Ansatz zu finden, der die streng deterministische Erklärung konkreten individuellen Verhaltens mit der Erklärung des Ursprungs komplexer menschlicher Bedürfnisse aus der Sicht der Naturwissenschaft verbindet. Vielleicht konnte die Psychoanalyse als Basis für eine wissenschaftliche «reale Psychologie» dienen, die den Gegensatz nomothetisch-idiographisch überwindet.

Als ich mit zwanzig Jahren meine Ausbildung formal abgeschlossen hatte, begann ich ein Buch über die Grundlagen der realen Psychologie zu schreiben. Diese Arbeit kam über ein handschriftliches Manuskript nicht hinaus, und obwohl sie keinen wissenschaftlichen Wert besaß, ist allein die Tatsache, daß ich mir eine solche Aufgabe stellte, typisch für die junge Generation der damaligen Zeit.

Typisch war auch die Begeisterung, mit der ich an die psychoanalytischen Forschungen heranging. Zuerst organisierte ich einen kleinen psychoanalytischen Zirkel. Ich bestellte sogar Briefpapier mit dem Briefkopf «Psychoanalytische Vereinigung Kasan» in Russisch und Deutsch. Dann benachrichtigte ich Freud persönlich über die Bildung dieser Vereinigung und war so überrascht wie erfreut über seinen Antwortbrief. Freud drückte seine Freude darüber aus, daß in einer so weit entfernten ostrussischen Stadt ein psychoanalytischer Arbeitskreis ins Leben gerufen worden sei. Dieser in altdeutscher Frakturschrift verfaßte Brief und ein weiterer, in dem Freud die Übersetzung eines seiner kleineren Bücher ins Russische genehmigte, befinden sich noch heute in meinem Archiv.*

* Freud schrieb am 3. Juli 1922 aus Badgastein, seinem Urlaubsort, an Lurija:

«Sehr geehrter Herr Kollege[,]
Ich bestätige dankend den Empfang Ihrer Schrift über Psychoanalyse und freue mich jeder Nachricht, die für das starke analytische Interesse in Ihrem Kreise zeugt.

Bitte, wenn Sie an Prof. Ermakow schreiben, sagen Sie ihm von mir, daß es uns nicht gelingt, in Postverbindung mit ihm zu kommen u[nd] daß ich auch den zweiten Teil meiner von Wulff übersetzten Vorlesungen nicht erhalten habe.

Mit vielen freundlichen Grüßen an Sie u[nd] die Mitglieder der Vereinigung.

Ihr ergebener

Freud»

Der zweite Brief folgte am 6. Oktober 1922 aus Wien:

«Sehr geehrter Herr Praesident[,]
Ich habe mich gefreut, in Ihren Brief an Dr. Rank Einsicht zu nehmen, und erteile

In der Anfangszeit unseres Zirkels befaßten wir uns lediglich mit der Untersuchung von Patienten der Psychiatrischen Klinik, die der medizinischen Fakultät der Kasaner Universität angegliedert war. Eine der Patientinnen war die Enkelin Fjodor Dostojewskijs, und obwohl ich ganze Hefte mit ihren «freien Assoziationen» füllte, war ich nicht in der Lage, mein Vorhaben zu verwirklichen und diese Materialien zur Aufdeckung «der konkreten Realität des Gedankenstromes» zu verwenden. In der Tat verrät schon die Problemstellung, warum ein solcher Ansatz nicht sehr weit führen kann.

Später veröffentlichte ich mehrere Artikel, die auf den Ideen der Psychoanalyse fußten. Ich konzipierte sogar ein Buch über das objektive Herangehen an die Psychoanalyse, das jedoch nie gedruckt wurde. Ich kam zu dem Schluß, daß es ein Irrtum sei, menschliches Verhalten aus den «Tiefen» des Bewußtseins zu erklären und die sozialen «Höhen» auszuklammern.

Nachdem ich 1921 mein Universitätsstudium in Kasan beendet hatte, war mein weiterer wissenschaftlicher Weg völlig offen. Mein Vater drängte mich zu einer medizinischen Laufbahn, aber mein Hauptziel war es, Psychologe zu werden. Ich wollte an der Entwicklung eines neuen, objektiven Ansatzes zur psychologischen Untersuchung des Verhaltens mitwirken, der sich auf die Ereignisse im wirklichen Leben konzentriert. Ich entschied mich für den Kompromiß, beide Wege miteinander zu verbinden.

Damals war es möglich, sich gleichzeitig an verschiedenen Lehranstalten einzuschreiben. Ich absolvierte vier Semester an der medizinischen Fakultät. Dann unterbrach ich mein Studium, um es erst viele Jahre später wieder aufzunehmen. Parallel dazu studierte ich am Pädagogischen Institut und an der Psychiatrischen Klinik in Kasan.

Trotz all dieser Studien war es damals nicht einfach, sich Erfahrung in professioneller Laborarbeit anzueignen. Weder an der Kasaner Universität noch am Pädagogischen Institut gab es psychologische Laboratorien.

Ihnen bereitwillig die Autorisation zur Übersetzung meiner Schrift ‹Massenpsychologie und Ich-Analyse› ins Russische.

Mit den besten Wünschen[,] Ihr ergebener Freud»

Über die geschichtlichen Hintergründe der von Lurija mitbegründeten Kasaner Psychoanalytischen Vereinigung und über die wissenschaftlichen Tätigkeiten derselben vgl. Métraux 1993.

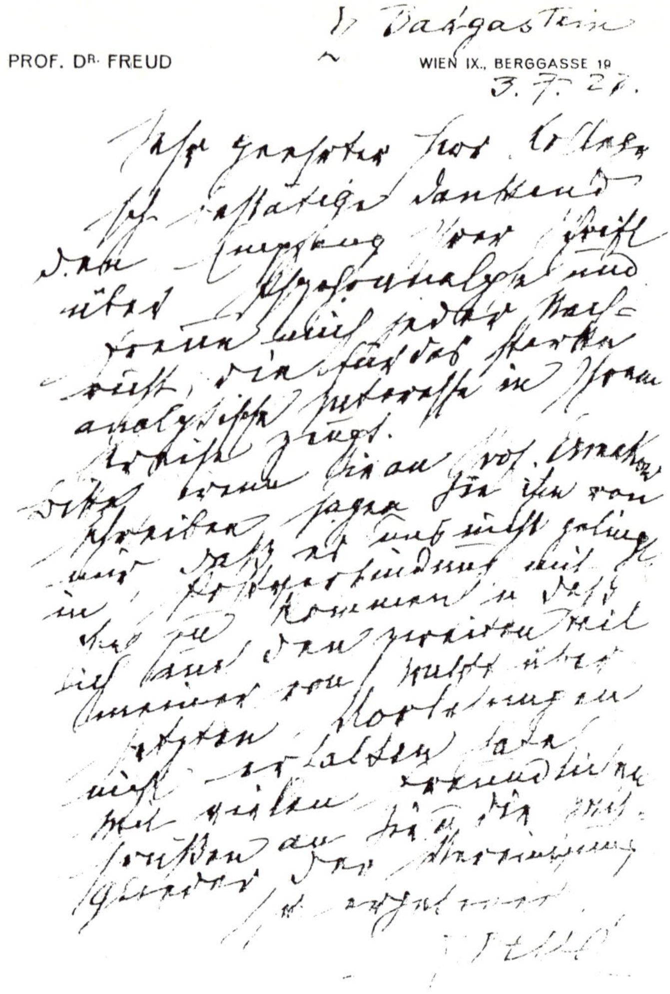
PROF. DR. FREUD

WIEN IX., BERGGASSE 19

z. Z. Badgastein 3. 7. 27.

Sehr geehrter Herr Collega

Ich bestätige dankend den Empfang Ihrer Schrift über Psychoanalyse und [illegible]

[illegible]

Der erste Brief Freuds an Lurija

Psychiatrische Klinik in Kasan, in der Bechterews Psychophysiologisches Labor untergebracht war

Eines der ersten, von Wladimir M. Bechterew an der Psychiatrischen Klinik der Universität Kasan gegründet, wurde damals gerade geschlossen.* Es gab nur ein einziges Meßgerät, das ich zufällig in der Universität fand: ein altes, unbenutztes Hipp-Chronoskop zur Messung der Reaktionszeit.

Ständig auf der Suche nach Gelegenheiten, etwas über Labormethoden zu lernen, las ich jedes Buch über Psychologie, das ich finden konnte. Großen Eindruck machten auf mich die ‹*Diagnostischen Assoziationsstudien*› Jungs, in denen vollkommen neue Wege der Anwendung objektiver Methoden zur Erforschung psychologischer Prozesse vorgestellt

* Lurija spielt an dieser Stelle auf das 1885 von Wladimir M. Bechterew (vgl. Fußnote S. 34f) gegründete «Psychophysiologische Laboratorium der Kaiserlichen Universität Kasan» an, an dem ab 1886 vorwiegend über neuroanatomische und neurophysiologische Themen geforscht wurde (eine 1893 veröffentlichte Bibliographie der aus dem Laboratorium hervorgegangenen Arbeiten verzeichnet bereits 34 Titel). Den Aufbau eines derartigen Laboratoriums hatte Bechterew zur Bedingung der Annahme eines Rufes nach Kasan gemacht. Zur Geschichte speziell dieses Laboratoriums vgl. Métraux 1986.

wurden. Ebenso beeindruckten mich die Bücher von William James, besonders das über die Vielfalt religiöser Erfahrung, das ich für ein glänzendes Beispiel der Beschreibung konkreter Formen psychischer Prozesse hielt.*

In dieser Zeit stieß ich auch auf mehrere Artikel Bechterews und Iwan Petrowitsch Pawlows. Es fiel sofort auf, daß beide einen objektiven Zugang zu Problemen suchten, die Psychologen gemeinhin nur in subjektiven Begriffen erfassen konnten. Besonders interessant fand ich Pawlows Versuche über bedingte Reflexe. Inzwischen erscheint es selbstverständlich, Erregungs- und Hemmungsprozesse im zentralen Nervensystem zum Beispiel durch Messung der bedingten Reflexe der Speichelabsonderung zu untersuchen. Damals jedoch waren diese Versuche in ihrer Bedeutung revolutionär.

Ich nutzte die Gelegenheit, einige meiner Ideen umzusetzen, indem ich mich um die Stelle eines Laboranten am Kasaner Institut für Wissenschaftliche Arbeitsorganisation bewarb, das gleich nach der Revolution gegründet worden war. Das alte Hipp-Chronoskop verwendete ich, um die Auswirkungen schwerer körperlicher Arbeit auf die geistige Tätigkeit zu erforschen. Meine Versuchspersonen waren Arbeiter aus einer Gießerei. Ich nahm einen ersten Anlauf, den Einfluß der Sprache auf die Reaktionszeit zu untersuchen. Meine Ergebnisse erwiesen sich als oberflächlich und als nicht sonderlich interessant. Indem ich aber nach einer Möglichkeit suchte, sie zu veröffentlichen, schlug ich einen Weg ein, der mich später nach Moskau führen sollte: Nachdem wir einen Großteil der Arbeiten Bechterews gelesen hatten und mit seinem breiten Interessenspektrum vertraut waren, beschlossen meine Kollegen und ich, eine Zeitschrift zu gründen. Wir nannten sie *Probleme der Psychophysiologie der Arbeit*, und ich wurde beauftragt, nach Sankt Petersburg, damals Petrograd, zu fahren, um Bechterew** für eine Mitarbeit zu gewinnen.

* William James (1842–1910), amerikanischer Physiologe, Psychologe und Philosoph, gründete 1885 an der Universität Harvard in Cambridge, Massachusetts, das erste psychologische Laboratorium auf dem amerikanischen Kontinent. Sowohl sein umfangreiches Lehrbuch ‹*The Principles of Psychology*› von 1890 wie auch seine religionstheoretische Schrift ‹*The Variety of Religious Experience*› von 1902 wurden ins Russische übersetzt (1902 in Sankt Petersburg beziehungsweise 1910 in Moskau).
** Wladimir Michailowitsch Bechterew (1857–1927), russischer Psychiater und Neuropathologe, zuletzt Professor in Sankt Petersburg (1914–1924 Petrograd, 1924–1991 Leningrad), beschrieb 1892 die nach ihm benannte Bechterewsche Krankheit (chroni-

Wladimir M. Bechterew

Meine erste Reise nach Petrograd wurde zu einem unvergeßlichen Erlebnis. Bechterew, damals bereits ein alter Mann mit einem langen, weißen Bart, zeigte mir sein Institut für Gehirnforschung, das heute seinen Namen trägt. Ich war beeindruckt von seiner kolossalen Energie und von dieser Wissenschaftswelt, die sich so grundlegend von der in Kasan unterschied. Bechterew erklärte sich bereit, Mitglied des Redaktionsstabes zu werden, stellte aber eine Bedingung: Wir sollten dem Titel der Zeitschrift die Wörter «und der Reflexologie» anfügen, den Namen, den er seinem psychologischen System gegeben hatte. Wir stimmten gern zu, und so wurde Bechterew einer der Chefredakteure der neuen Zeitschrift.

scher und schleichender Wirbelsäulenrheumatismus), war mit Pawlow einer der führenden Vertreter des wissenschaftlichen Materialismus, dem zufolge es neben der unterschiedlich organisierten unbelebten und lebenden Materie keinen Platz für irgendeine psychische oder seelische Substanz gibt.

Der andere war ein angesehener Physiologe der Kasaner Universität, N. A. Mislawskij, der allerdings nichts mit Psychophysiologie, Arbeitsorganisation oder Reflexologie zu tun hatte. Papier war damals Mangelware. Dennoch gelang es mir, mehrere Packungen vergilbten Papiers in einer Seifenfabrik aufzutreiben, um die erste Nummer der Zeitschrift zu drucken. Dieses kleine akademische Unternehmen hatte für mich unerwartete Folgen: das Ende meiner wissenschaftlichen «Lehrzeit» in Kasan und eine Einladung nach Moskau.

Fünfzig Jahre später habe ich den Eindruck, daß diese Periode für meinen weiteren Werdegang als Psychologe von großer Bedeutung war. Obwohl ich danach scheinbar an ganz anderen Problemen arbeitete, blieb ich doch bei den zentralen Themen, die aus meinen ersten Forschungsarbeiten gekeimt waren.

Moskau

Im Jahre 1923 schlug mir Professor Konstantin Nikolajewitsch Kornilow*, der gerade zum Direktor des Psychologischen Instituts in Moskau ernannt worden war, vor, sein Mitarbeiter zu werden. Er entschied sich für mich, weil er junge Mitarbeiter brauchte, die sich mit experimenteller Psychologie beschäftigten. Meine ersten Artikel – sie waren in Kasan veröffentlicht worden –, in denen ich Ergebnisse meiner empirischen Untersuchungen über den Einfluß von Ermüdung auf die motorischen Reaktionen vorstellte, hatten ihn auf mich aufmerksam gemacht.

In Moskau angekommen, erlebte ich eine Stadt, wo die Menschen sich, wie in Kasan, intensiv um den Wiederaufbau bemühten. Im Unterschied zu den Arbeitsbedingungen in Kasan jedoch verfügten Moskauer Psychologen über klar umrissene Ziele und spezielle Laborausrüstungen. Ich schloß mich einer kleinen Gruppe von Wissenschaftlern an, die sich mit der Umgestaltung der russischen Psychologie beschäftigte, um sie in Einklang mit den Zielen der Revolution zu bringen. Hier ist ein kleiner Exkurs erforderlich, um die Situation zu verdeutlichen, der ich in Moskau begegnete.

Rußlands erste psychologische Laboratorien gründete Bechterew in den achtziger Jahren des 19. Jahrhunderts in Kasan und dann in Sankt Petersburg. Und erst 1912 gründete Georgij Iwanowitsch Tschelpanow**, ein Philosoph und Logiker der idealistischen Schule, der auch

* Konstantin Nikolajewitsch Kornilow (1879–1957), Vertreter der sogenannten reaktologischen Psychologie, wurde 1923 zum Leiter des Psychologischen Instituts der Universität Moskau ernannt und dort mit der «revolutionären Neuorganisation» der psychologischen Forschung beauftragt. Kornilow hat Lurija nach Moskau berufen; er stand dem jüngeren Kollegen bis zu Beginn der dreißiger Jahre wohlwollend, doch gelegentlich ohne viel Verständnis für dessen Vorgehen gegenüber.

** Georgij Iwanowitsch Tschelpanow (1862–1936) stand dem Psychologischen Institut der Universität Moskau von 1912 bis November 1923 vor. Tschelpanow vertrat in seinen philosophischen wie auch in seinen psychologischen Schriften idealistische Positionen; so meinte er etwa, das Experiment in der Psychologie diene nur dazu, der

Psychologie lehrte, in Moskau ein Institut für Psychologie. Nach den Plänen Tschelpanows, der mit den psychologischen Forschungen im Westen vertraut war, wurde auf dem Gelände der Moskauer Universität ein spezielles Gebäude errichtet; zudem wurde das Institut mit verschiedenen Instrumenten aus Deutschland ausgerüstet, die man für psychologische Untersuchungen brauchte (darunter war auch «mein alter Freund», das Hipp-Chronoskop). Erster Direktor des Instituts wurde Tschelpanow selbst. Die Arbeit dort bestand in dem Versuch nachzuvollziehen, was in den Lehrbüchern Wundts und Titcheners sowie in Höffdings Werk über empirische Psychologie stand (letzteres wurde damals für mich zu einer Art Symbol der Langeweile).

Tschelpanow war Autor einer Einführung in die Psychologie, die es vor der Revolution auf fast zwanzig Auflagen gebracht hatte. Der umfangreiche Band mit dem Titel ‹*Gehirn und Geist*› behandelte die Beziehung zwischen subjektiver Erfahrung und materieller Welt. In diesem Buch versuchte Tschelpanow, ein Problem zu lösen, das die europäische Psychologie jener Zeit nachhaltig beschäftigte: Wirken Geist und Materie im Gehirn zusammen oder funktionieren sie parallel zueinander? Tschelpanow vertrat die Ansicht, daß der materialistische Zugriff auf die Psyche nutzlos sei. Diese Trennung von Geist und Gehirn war so verbreitet, daß sogar Pawlow in einem Brief an Tschelpanow anläßlich der Institutseröffnung gratulierte: Gerade weil die Tätigkeit des Gehirns so komplex sei, verlange sie nach intensiven und differenzierten Forschungsmethoden, und deshalb wolle er, der sich jegliche Erwähnung subjektiver Zustände in seinem Laboratorium verbitte, dem Psychologischen Institut und seinem Gründer herzliche Glückwünsche übermitteln. Dieser 1914 geschriebene Brief wurde erst 1955 veröffentlicht.

Wenn die Forschungen am Psychologischen Institut so fortgesetzt worden wären, wie sie begonnen hatten, dann wäre es nur zu einer Reihe ergänzender Daten über die Schwellenwerte der visuellen und taktilen Wahrnehmung und über den Umfang des Gedächtnisses gekommen sowie zu einigen beschreibenden Studien über die Psychologie des Denkens. Es schien keine Möglichkeit zu geben, die akademische Forschung auf praktische psychosoziale Probleme zu lenken. Obwohl

Introspektion mehr Exaktheit zu verleihen. Sein Lehrbuch ‹*Gehirn und Geist*› erschien erstmals 1912 in Moskau.

der Neurologe G. I. Rossolimo* und der Psychiater N. A. Bernstein damals wichtige Untersuchungen im Bereich der medizinischen Psychologie durchführten, denen unmittelbare praktische Bedeutung zukam, waren sie nie mit den Arbeiten des Instituts verbunden.

Doch nach der Revolution erhielt die Forschungstätigkeit des Instituts neue Orientierungspunkte. Es war offensichtlich, daß der isolierte «psychologische Elfenbeinturm» den Zielen der realen Psychologie nicht entsprach. So begann 1922 eine Umstrukturierung des wissenschaftlichen Lebens am Institut.

In dieser Zeit entwickelte Kornilow, ein Schüler Tschelpanows, eine Methode, mit der sich seiner Meinung nach geistige Anstrengung ermitteln ließ. Er verwendete eine Apparatur zur Messung von Intensität und Dauer motorischer Reaktionen, wobei er sich von der Auffassung leiten ließ, der Organismus verfüge über eine bestimmte Menge an Energie, die zwischen dem geistigen und dem motorischen System aufgeteilt werde. Je mehr Energie für geistige Arbeit verbraucht werde, desto weniger bleibe für Bewegungen. Naiv nahm Kornilow an, daß er diese «Energie» messen könne und daß die Intensität der motorischen Reaktion bei einfachen Reaktionen am größten sei, kleiner bei Wahlreaktionen zwischen zwei Stimuli und noch kleiner bei komplizierten assoziativen Reaktionen. Natürlich konnte Kornilow mit solchen Methoden keine geistige Energie messen, was ihn nicht davon abhielt, es zu behaupten. Mehr noch, er erhob den Anspruch, einen materialistischen Zugang zur Erforschung der Psyche eröffnet zu haben, der den gesamten menschlichen Tätigkeitsbereich umfasse und mit der Lehre von Marx und Engels vereinbar sei. Obwohl sein Ansatz, dem er den Namen «Reaktologie» gab, naiv und mechanistisch war, schien er doch eine Alternative zur ausdrücklich idealistischen Psychologie Tschelpanows zu bieten. Dieser räumte schließlich den Posten des Institutsdirektors, und Kornilow wurde zu seinem Nachfolger ernannt.

Der Marxismus, der zu den komplizierteren philosophischen Systemen der Menschheitsgeschichte gehört, wurde von den sowjetischen

* Georgij Iwanowitsch Rossolimo (1860–1928), Neuropathologe und Psychoneurologe, war ab 1917 Professor für Nervenheilkunde an der Universität Moskau, forschte auch über experimentalpsychologische Themen. Seine ‹*Vorlesungen über Nervenkrankheiten*› erschienen 1927 in zweiter Auflage in Moskau.

Petrowka-Straße in Moskau Ende der zwanziger Jahre

Wissenschaftlern, mich selbst eingeschlossen, nur zögernd aufgenommen. Deshalb ist es nicht verwunderlich, daß damals viele Diskussionen über die Philosophie des Marxismus auf wackligem Boden geführt wurden. Und doch war das Ziel, das sich Kornilow gesetzt hatte – der Umbau der Psychologie auf materialistischer Grundlage –, ein Schritt nach vorn. Kornilow lenkte die Arbeit des Instituts in produktivere Bahnen. Er scharte eine Gruppe junger Forscher um sich, mit denen gemeinsam er die Aufgabe verfolgte, die Psychologie umzugestalten. Es ist also nicht verwunderlich, daß meine Arbeit Kornilow gefallen hat. In ihr erblickte er die Spiegelung seiner eigenen Vorurteile.

Die Situation am Institut nach meiner Ankunft war eigenartig. Alle Laboratorien wurden so umbenannt, daß ihre Namen den Begriff «Reaktion» enthielten: Es gab ein Laboratorium für visuelle Reaktionen (Wahrnehmungen), für mnestische Reaktionen (Gedächtnis), für emotionale Reaktionen usw. All das hatte zum Ziel, mögliche Spuren der subjektiven Psychologie zu tilgen und sie durch eine Variante des Behaviorismus zu ersetzen.

Die Mitarbeiter waren jung und unerfahren. Niemand war älter als 24 Jahre, und nur wenige hatten eine angemessene Ausbildung, doch an Enthusiasmus fehlte es keinem. Viele Projekte zur Reaktionsforschung standen zur Auswahl: Weiße Mäuse liefen durch Labyrinthe, sorgfältig wurden unterschiedliche motorische Reaktionen erwachsener Probanden untersucht, und auch Ausbildungsprobleme fanden Beachtung.

Neben der wissenschaftlichen Arbeit sollte ich auch unterrichten, weil das Institut eine Lehreinrichtung war, die Psychologen ausbildete. Unter den jungen wissenschaftlichen Mitarbeitern gab es viele Neulinge wie mich, aber auch andere, die sich noch an den Lehren Tschelpanows orientierten. Ich war nicht älter als meine Studenten und wußte nicht mehr als viele von ihnen. Deshalb verbrachte ich die Abende mit der Vorbereitung des Stoffes für den nächsten Unterrichtstag, in der Hoffnung, wenigstens einen Tag Vorsprung zu halten. Damals lernte ich den jungen Alexej Nikolajewitsch Leontjew* kennen,

* Alexej Nikolajewitsch Leontjew (1903–1979), sowjetischer Psychologe, bildete mit Lurija und Lew Wygotskij in den Jahren 1924 bis 1934 die sogenannte Trojka (wörtlich: Dreiergespann) der kulturhistorischen Schule der sowjetischen Psychologie. Er erforschte in den späten zwanziger Jahren vor allem die kulturgeschichtlichen Bedingt-

Das alte Gebäude der Universität Moskau
(heutige Ansicht)

einen früheren Schüler Tschelpanows, dem ich mein ganzes weiteres Leben lang verbunden geblieben bin. Zu meinen Studenten gehörten I. M. Solowjow und L. W. Sankow, die später bedeutende Vertreter der sowjetischen Psychologie wurden.

Es ist nicht einfach, meine Gefühle zu Beginn meines Berufslebens zu schildern. In jedem Fall waren sie äußerst ambivalent. Ich begrüßte die Bemühungen des Instituts, objektive Forschungsmethoden zu erarbeiten, hielt jedoch nicht viel von den mechanistischen Versuchen Kornilows, geistige Energie zu messen. Mein früheres Interesse für die Psychoanalyse half mir, die ambivalenten Gefühle zu überwinden und mich einer nützlichen Aufgabe zu widmen. Ich fand auch Verwendung für das «Dynamoskop», ein V-förmiges Glasrohr mit Quecksilberfüllung, das Kornilow zur Aufzeichnung motorischer Kraft verwendet hatte. Während meiner früheren Experimente in Kasan hatte ich mit diesem Instrument die Kraft motorischer Reaktionen gemessen und dabei ein interessantes Phänomen entdeckt: Wenn die Versuchspersonen unsicher waren, was sie tun sollten, etwa einen Knopf drücken oder nicht, kam es zu einer Schwankung in der aufgezeichneten Bewegungskurve, die diese Unsicherheit widerspiegelte.

heiten des menschlichen Gedächtnisses, war später dagegen im Bereich der allgemein- und persönlichkeitspsychologischen Forschung tätig.

Alexej N. Leontjew

Ich wollte herausfinden, ob sich diese Beobachtungen auf die experimentelle Untersuchung von Konflikten, Streß und starken Emotionen erweitern ließen. Anders gesagt: Ich beschloß, meine eigene «experimentelle Psychoanalyse» zu entwickeln, indem ich die Intensitätsschwankungen der motorischen Reaktionen als objektiven Ausdruck innerer emotionaler Konflikte deutete.

Freie Assoziationen, wie Jung sie in seinen ‹*Diagnostischen Assoziationsstudien*› nannte, waren eine Komponente der von uns entwickelten Methode. Wir baten die Versuchspersonen, jede verbale Assoziationsreaktion mit einer motorischen Reaktion zu begleiten. Wichtig war, daß beides *gleichzeitig* geschah, weil die Logik unseres Vorgehens es verlangte, daß die sprachlichen und die motorischen Komponenten der Reaktion ein einheitliches funktionales System bildeten.

So begann für uns eine angespannte Periode der Forschungsarbeit, die viele Jahre dauerte. Zuerst führten Leontjew und ich Experimente mit Studenten durch, denen eine Prüfung bevorstand. Wir baten die

Versuchsperson, eine kleine Gummikugel mit der rechten Hand zusammenzudrücken und die linke Hand ruhig auf eine andere Gummikugel zu legen. Gleichzeitig sollte sie das erste Wort aussprechen, das ihr als Antwort auf unsere verbale Reizvorgabe einfiel.

Wir benutzten zwei Arten von Wörtern: «neutrale» Wörter ohne spezielle Bedeutung für eine Person, die sich auf eine Prüfung vorbereitet, und «kritische» Wörter wie «Prüfung», «Formel» und «bestanden», die mit Prüfungssituationen in Verbindung stehen. Die Analyse der frei assoziierten verbalen Reaktionen und der Reaktionszeiten ergab kaum Unterschiede zwischen den zwei Wortarten. Hingegen fiel die motorische Reaktion der Hände beim spontanen Drücken der Kugel deutlich anders aus, sobald der Proband mit «kritischen» Wörtern konfrontiert wurde.

Danach beschlossen wir zu prüfen, ob diese Methode nicht auch zum Auffinden «verborgener Komplexe» beim Menschen geeignet sei. Wir dachten an jenes Phänomen, das Freud und die psychoanalytische Schule interessierte: die emotionale Erfahrung, die im Unterbewußtsein das Verhalten beeinflußt. So begannen wir mit der Entwicklung eines Labormodells, das einer realen Lebenssituation entsprechen sollte. Dazu war es wichtig, die Antworten auf «kritische» und «neutrale» Wörter sicher unterscheiden zu können.

Unser Experiment war folgendermaßen aufgebaut: Mein Assistent konstruierte eine Erzählung, die mehreren Versuchspersonen vorgelesen wurde. Eine handelte beispielsweise von einem Dieb, der durch ein Fenster in eine Kirche einbricht und einen goldenen Kerzenständer, eine Ikone und ein Kruzifix entwendet. Die Probanden hatten die Aufgabe, sich den Inhalt der Erzählung einzuprägen, durften sich jedoch nicht anmerken lassen, daß ihnen der Inhalt vertraut war. Danach bat man sie und andere Versuchspersonen, die die Erzählung nicht kannten, sich an einem Experiment zu beteiligen. Sie wurden aufgefordert, auf eine Liste mit etwa siebzig Wörtern zu reagieren, von denen zehn zu den «kritischen» gehörten. Es galt, mit der rechten Hand auf den Gummiball zu drücken und mit einem frei assoziierten Wort zu antworten. Meine Aufgabe bestand darin, auf der Grundlage der kombinierten Aufzeichnung der motorischen und der sprachlichen Reaktionen festzustellen, welches die «kritischen» Wörter waren, wer mit der Erzählung vertraut war und wer nicht und wovon die Erzählung handelte. Später wurde diese erfolgreiche Methode in der gerichtlichen Praxis angewendet.

Lurija mit seinem Vater, etwa 1925

Psychologen, die sich mit Gefühlen beschäftigen, haben schon immer nach Wegen gesucht, emotionale Zustände hervorzurufen, die stabil und dauerhaft genug sind, um erforscht werden zu können. In der Regel wurden akute emotionale Zustände wie Angst unter Laborbedingungen künstlich hervorgerufen, indem man etwa einen unerwarteten Gewehrschuß hinter dem Kopf der Versuchsperson abfeuerte. Diese Methode hatte zwei Mängel: Erstens war die Emotion nicht Teil der realen Lebenssituation, denn sie wurde nur durch einen künstlich produzierten Zwischenfall erzeugt, der in keiner Beziehung zu den Zielen und Antrieben der Versuchsperson stand; zweitens klangen derartige Streßzustände schnell ab.

Den einzigen Weg zur Überwindung dieser Mängel unserer eigenen und anderer Forschungen sahen wir darin, Menschen zu untersuchen, die starke Emotionen in realen Lebenssituationen erfahren. Wir entschieden uns für überführte oder mutmaßliche Verbrecher. Unsere Überlegung war: Wenn wir Angeklagte unmittelbar nach ihrer Verhaftung und während verschiedener Etappen des Verfahrens, zum Beispiel am Vorabend der Gerichtsverhandlung, untersuchten, müßten wir starke Emotionen beobachten, die wirklich Teil ihres realen Lebens sind. Solche Situationen rufen gewöhnlich starke Gefühle hervor, die eine Folge des Verbrechens selbst, der Festnahme, der Verhaftung und der Angst vor Bestrafung sind. Darüber hinaus hatten wir die Möglichkeit, Menschen in die Tests einzubeziehen, deren Unschuld sich später erwies. So bekamen wir eine Kontrollgruppe von Personen, die zwar Angst vor der Gefängnishaft hatten und darüber hinaus einer ungewissen Situation gegenüberstanden, die aber mit den Einzelheiten des Verbrechens nicht vertraut waren. In solchen Fällen konnten wir den allgemeinen Streß ohne die spezifischen «emotionalen Komplexe» beobachten, die mit dem Verbrechen in Verbindung standen. Wir dachten, daß die Details des Verbrechens, sofern sie bekannt waren, als kritische Reize in den motorischen Test einfließen könnten, der es wiederum erlauben sollte, die Tat anhand der gewonnenen Daten zu rekonstruieren und Anhaltspunkte für die Entscheidung zu liefern, ob jemand schuldig war oder nicht.

Natürlich waren wir nicht die ersten, die auf diese Weise Tatverdächtige untersuchten, doch waren die Forschungen früher auf die Analyse der Täter erst nach deren Freilassung beschränkt gewesen. Wir hatten hingegen die Möglichkeit, mit verdächtigen Personen von ihrer Verhaftung bis zur Gerichtsverhandlung zu arbeiten. In mehrjährigen Untersuchungen gelang es uns, über fünfzig Fälle zu studieren, wobei es sich überwiegend um mutmaßliche oder überführte Mörder handelte.

Eines der ersten Ergebnisse, zu denen wir im Laufe dieser Arbeit kamen, war, daß starke Emotionen die Bildung stabiler automatischer Reaktionen, motorischer wie sprachlicher, verhindern. Es entsteht kein einheitliches funktionales System von motorischen und sprachlichen Komponenten, wobei sich die verbalen Reaktionen oft verzögern. Dieser diffuse Zerfall koordinierter Reaktionen störte das Auffinden einer lokalisierbaren «Quelle» der Emotionen, die wir bei einem Verbrecher mit genauen Kenntnissen über den Tathergang erwarteten. Die Reaktionen waren zu uneinheitlich. In allen Fällen verglichen wir die Reaktionen der Versuchsperson auf verschiedene Wörter, solche, die sich mit Sicherheit als «neutrale», als «zweifelhafte» und als eng mit dem Verbrechen verbundene «kritische» einstufen ließen. So konnten wir oft den wirklichen Täter aus dem verdächtigen Personenkreis überführen. Und wenn diese Untersuchungen vor dem formalen Ermittlungsverfahren stattfanden, dienten uns die späteren Aussagen des Angeklagten zur Überprüfung unserer Hypothesen.

Diese Arbeit erwies sich als nützlich für die Kriminalisten, weil es sich um das frühe Modell eines Lügendetektors handelte. Für mich war es die Verwirklichung des Ziels, das ich mir bei meinem Umzug nach Moskau gesetzt hatte: objektive Methoden zur Erforschung emotionaler Situationen anzuwenden, die den realen Lebensumständen der Menschen entsprangen. Obwohl die theoretischen Grundannahmen dieser Arbeit naiv waren, schien sie mir reizvoller als die «Reaktologie» Kornilows, die am wirklichen Leben vorbeiging.

Vielleicht stieß diese Arbeit gerade deshalb auch außerhalb Rußlands auf Interesse, weil sie ihrem Stil nach typisch für die damalige Zeit war. Max Wertheimer veröffentlichte einen meiner frühen Artikel in der Zeitschrift *Psychologische Forschung*.* Etwas später zeigten auch amerikanische Wissenschaftler Interesse: Einer von ihnen, W. Horsley Gantt, der Übersetzer von Pawlows Buch über die bedingten Reflexe, übertrug mein erstes, in der Sowjetunion nicht veröffentlichtes Buch unter dem Titel ‹*The Nature of Human Conflicts*› ins Englische; es erschien 1932 in den USA. Besonders erfreute mich, was ein so namhafter Psychiater wie Adolf Meyer im Vorwort zu diesem Buch über unsere Arbeit schrieb (Meyer 1976 [1932]), S. V.): «Lurija bietet uns statt der üblichen neurologisierenden Tautologien eine wirkliche Psychobiologie, die den Arbeiten Lashleys und anderer amerikanischer Wissenschaftler nahesteht, sich aber mit menschlichen Problemen befaßt. Er zeigt, daß die Anwendungsmöglichkeiten von Labormethoden auf Menschen weit größer sind als gemeinhin angenommen, ohne dabei auf rein physiologische Konzeptionen auszuweichen.»

Aus großem zeitlichem Abstand sehe ich heute, worin Wert und Mängel unserer Forschung lagen. Sie war die Verwirklichung meiner frühen Ideen und eröffnete mir gleichzeitig neue wissenschaftliche Perspektiven, etwa für die Beschäftigung mit Aphasien und der frühkindlichen Entwicklung, die einen zentralen Platz in meinen folgenden Arbeiten einnahmen. Trotzdem haben meine anfänglichen Versuche, eine Methode der motorischen Kopplung anzuwenden, nur begrenzten Wert. Obwohl sie eine Synthese aus Ansätzen und Verfahren darstellte, die vor unseren Forschungsarbeiten nur isoliert voneinander existierten, führte

* Es handelt sich um den Aufsatz «Die Methode der abbildenden Motorik bei der Kommunikation der Systeme und ihre Anwendung auf die Affektpsychologie», erschienen in Band 12 der *Psychologischen Forschung* (Lurija 1929).

sie zu keiner grundlegenden Rekonstruktion der Psychologie als Wissenschaft. Mit dieser gewaltigen Aufgabe, die meine begrenzten Möglichkeiten überschritt, wurde ich 1924 unerwartet konfrontiert, als ich Lew Semjonowitsch Wygotskij kennenlernte. Unsere Begegnung wurde zu einem Wendepunkt in meinem Leben.

Lew S. Wygotskij

Es ist nicht übertrieben, Wygotskij * als Genie zu bezeichnen. In den mehr als fünfzig Jahren meiner wissenschaftlichen Tätigkeit habe ich keinen Menschen getroffen, der ihm in der Klarheit des Denkens, in der Fähigkeit, das Wesen selbst kompliziertester Probleme zu erkennen, in der Breite der Kenntnisse auf vielen Gebieten und in der Voraussicht des weiteren Entwicklungsgangs der Psychologie auch nur nahegekommen wäre.

Wir trafen uns 1924 auf dem Zweiten Psychoneurologischen Kongreß in Petrograd, einem wichtigen Forum für sowjetische Wissenschaftler, die auf dem Gebiet der Psychologie arbeiteten. Kornilow nahm aus dem Institut für Psychologie einige seiner jungen Kollegen mit, zu denen auch ich gehörte.

Als Wygotskij das Podium betrat, um seinen Vortrag zu halten, hatte er weder einen vorbereiteten Text noch Notizen bei sich. Trotzdem sprach er flüssig und ohne Unterbrechungen, indem er einfach und leicht von einem Gedanken zum anderen überging. Schon die Art seines Auftretens und die Überzeugungskraft seines Vortragsstils erschienen mir ungewöhnlich. Noch mehr beeindruckte mich der Inhalt seines Vortrags. Statt irgendeine untergeordnete Frage aufzugreifen, wie es sich für einen jungen Menschen von siebenundzwanzig Jahren gehört hätte, der zum erstenmal vor einem so ehrenvollen Auditorium sprach, wählte Wygotskij das schwierige Thema der Wechselwirkung von bedingten Reflexen und bewußtem menschlichem Verhalten.

* Lew Semjonowitsch Wygotskij (1896–1934), sowjetischer Psychologe, schloß 1917 das Studium der Rechtswissenschaft an der Universität Moskau ab, war danach in Gomel (Weißrußland) als Pädagoge tätig (am Pädagogischen Institut dieser Stadt baute er ein Psychologisches Laboratorium auf), arbeitete über literaturtheoretische, linguistische und psychologische Themen, wurde 1924 nach Moskau berufen, wo er gemeinsam mit Lurija und Leontjew die kulturhistorische Theorie des Psychischen von Grund auf entwickelte. Wygotskij starb 1934 an den Folgen einer Tuberkulose.

Dieses Thema war äußerst aktuell. Ein Jahr zuvor hatte Kornilow die gleiche Rednerbühne für einen Angriff auf introspektive Theorien der Psychologie genutzt. Sein Standpunkt hatte sich durchgesetzt, und so wurde seine ausschließlich auf objektive Erkenntnis zielende reaktologische Methode am Institut für Psychologie vorherrschend. Auch Bechterew und Pawlow waren Gegner der subjektiven Psychologie, deren Schlüsselkategorie das Bewußtsein war. Wygotskij vertrat nun die Auffassung, das Bewußtsein müsse der Psychologie als Konzept erhalten bleiben, jedoch mit objektiven Mitteln erforscht werden. Auch wenn es ihm nicht gelang, sämtliche Zuhörer von seinem Standpunkt zu überzeugen, war klar, daß mit diesem Mann aus der weißrussischen Provinz zu rechnen war. Es wurde beschlossen, Wygotskij eine Stelle in dem neuen, reorganisierten Psychologischen Institut in Moskau anzubieten. Er willigte ein, und im Herbst desselben Jahres begannen wir unsere gemeinsame Arbeit, die bis zu seinem Tod, zehn Jahre später, andauerte.

Wygotskij hatte bis dahin am Pädagogischen Institut in Gomel, nicht weit von Minsk, unterrichtet. Seiner Ausbildung nach war er Literaturwissenschaftler, und seine Dissertation über Shakespeares ‹*Hamlet*› wurde damals hoch geschätzt. In dieser Arbeit wie auch in seinen Untersuchungen zu Fabeln und anderen dichterischen Werken demonstrierte er eine erstaunliche Fähigkeit zur psychologischen Analyse. Sein spezielles Interesse galt dem Einfluß der Sprache auf die Prozesse des Denkens. Dabei stützte er sich auf Arbeiten A. A. Potebnyas und Wilhelm von Humboldts, die als erste das linguistische Relativitätsprinzip vertraten, das heute zumeist als Sapir-Whorf-Hypothese bzeichnet wird. Die Arbeit am Pädagogischen Institut lenkte Wygotskijs Blick auf Probleme der Erziehung von Kindern mit angeborenen Behinderungen wie Blindheit, Gehörlosigkeit oder geistiger Retardierung, und ihm wurde die Notwendigkeit bewußt, solchen Kindern bei der Entfaltung ihrer individuellen Potentiale zu helfen. Durch die Beschäftigung mit diesen Fragen begann er sich für die Arbeiten akademischer Psychologen zu interessieren.

Zu der Zeit, als Wygotskij nach Moskau kam, befaßte ich mich weiterhin mit der Methode der motorischen Kopplung, und zwar gemeinsam mit Leontjew. Wir schätzten beide die ungewöhnlichen Fähigkeiten Wygotskijs hoch ein und freuten uns, ihn in unsere Arbeitsgruppe aufzunehmen, die wir jetzt die «Trojka» nannten. Zusammen mit Wygotskij, unserem anerkannten Leiter, bereiteten wir eine kritische Revision der Geschichte und des aktuellen Zustands der Psychologie vor. Unsere

Lew S. Wygotskij

große Idee war die Entwicklung eines neuen, wissenschaftlichen Ansatzes zur Erforschung der psychischen Prozesse des Menschen.

Von Anfang an stimmten wir darin überein, daß weder die subjektive Psychologie Tschelpanows noch die simplifizierenden Versuche, die gesamte bewußte Tätigkeit in einfache reflexologische Schemata zu zergliedern, als Modell der realen Psychologie des Menschen dienen konnten. Es war notwendig, die Teilwahrheiten früherer Positionen in einer neuen Theorie zusammenzuführen; und es war Wygotskij, der als erster erkannte, wie diese neue Theorie auszusehen hätte.

Unter breiter Nutzung der Arbeiten deutscher, französischer, britischer und amerikanischer Wissenschaftler begann er, das zu analysieren, was er als «Krise der Psychologie» bezeichnete. Er stellte seine Ideen auf verschiedenen Konferenzen vor und faßte sie 1926 schriftlich zusammen, als er mit Tuberkulose im Krankenhaus lag. Leider wurde diese Arbeit damals nicht gedruckt. Während des Zweiten Weltkriegs ging das Manuskript verloren; eine Kopie wurde erst 1960 entdeckt und befindet sich heute im Wygotskij-Archiv.*

* Die Schrift «Die historische Bedeutung der Krise der Psychologie» (so die wörtliche

Gemäß Wygotskijs Analyse war die Situation in der internationalen Psychologie zu Beginn des 20. Jahrhunderts äußerst paradox. In der zweiten Hälfte des 19. Jahrhunderts hatten Wundt, Ebbinghaus und andere aus der Psychologie eine Naturwissenschaft gemacht. Ihre Hauptaufgabe sahen sie darin, komplizierte psychische Ereignisse auf elementare Mechanismen zurückzuführen, die sich im Laboratorium mit Hilfe präziser experimenteller Methoden erforschen ließen. Fragen nach «Sinn» oder «Bedeutung» der komplizierten Reize wurden absichtlich ausgeklammert, um den Einfluß von außen kommender Erfahrungen zu vermeiden, die der Versuchsleiter nicht kontrollieren und messen konnte. Isolierte Töne, Lichtblitze oder sinnlose Silben waren beliebte Reize, die den Psychologen helfen sollten, die elementaren Mechanismen des beobachteten Verhaltens zu entdecken.

Obgleich Wygotskij den Erfolg dieser Verfahren anerkannte, wies er darauf hin, daß eine derartige Forschung an den höheren Formen der psychischen Tätigkeit vorbeiging, unter anderem an bewußt kontrollierten Handlungen, an willentlicher Aufmerksamkeit, am aktiven Erinnern und am abstrakten Denken. Solche Phänomene wurden entweder ignoriert, wie zum Beispiel in den Theorien, die auf dem Reiz-Reaktions-Schema basierten, oder sie wurden zum Gegenstand mentalistischer Beschreibungen gemacht, wie bei Wundts Begriff der Apperzeption.

Die Unfähigkeit der Psychophysiologen, die komplexen psychischen Funktionen des Menschen zu erfassen, hatte Dilthey, Spranger und andere veranlaßt, einen alternativen Weg zu beschreiten. Als Untersuchungsgegenstand wählten sie sich die vernachlässigten Felder der Werte, des Willens, der Einstellungen und des abstrakten Denkens – allerdings näherten sie sich ihnen mit Hilfe rein phänomenologischer, beschreibender Methoden. Sie behaupteten, daß jede Erklärung dieser Erscheinungen prinzipiell genauso unmöglich sei wie die Beantwortung der Frage, warum die Winkelsumme eines Dreiecks 180 Grad betrage.

Übersetzung des Originaltitels) erschien 1982 in Band 1 der von der Akademie der Pädagogischen Wissenschaften der RSFSR veranlaßten ‹*Gesammelten Werke*› Wygotskijs (S. 291–463). Die deutschsprachige Übersetzung wurde unter dem Titel «Die Krise der Psychologie in ihrer historischen Bedeutung» 1985 veröffentlicht (Wygotskij 1985). Lurija kannte natürlich – wie einige andere Kollegen und Freunde Wygotskijs – diese wichtige historisch-kritische Abrechnung mit der traditionellen akademischen Psychologie seit dem Ende der zwanziger Jahre.

Nach dieser Bestandsaufnahme konnte Wygotskij zeigen, daß die «Arbeitsteilung» zwischen naturwissenschaftlich und phänomenologisch orientierten Psychologen zu dem stillen Einverständnis geführt hatte, gerade diejenigen psychischen Funktionen, die den Menschen vom Tier unterscheiden, seien wissenschaftlich nicht erforschbar. Das Ergebnis war jeweils eine halbierte Psychologie. Wygotskijs und unser aller Ziel bestand nun in der Ausarbeitung eines neuen Systems, das die verschiedenen Ansätze integrieren sollte.

Wir leisteten viel theoretische Arbeit und durchforsteten Anfang 1925 fast die gesamte frühere Psychologie. Unsere Vorstellungen über die physiologischen Grundlagen psychischer Prozesse wurden durch die Forschungen Pawlows über die höhere Nerventätigkeit stark beeinflußt. Sie lieferten die materialistische Grundlage unserer eigenen Erforschung der Psyche.

Besonders beeindruckt war Wygotskij von den Werken Wladimir Wagners*, eines hervorragenden russischen Spezialisten für vergleichende Tierverhaltensforschung. Er verfügte über eine breit gefächerte biologische Sicht, und seine Gedanken über die Evolution empfand Wygotskij als äußerst anregend. Die beiden Wissenschaftler standen lange Zeit in Briefwechsel.

Wir lasen die Arbeiten unserer deutschen Zeitgenossen, besonders die von Kurt Lewin, Heinz Werner, William Stern, Karl und Charlotte Bühler und Wolfgang Köhler, und obwohl wir mit vielen ihrer theoretischen Annahmen nicht einverstanden waren, fanden wir darin doch auch viel Wertvolles. Wir befürworteten ihr Beharren auf der qualitativen Andersartigkeit vieler psychologischer Phänomene: Die Pawlowschen Reflexe konnten als materielle Grundlage bestimmter psychischer Handlungen dienen, aber sie erklärten nicht die komplexe Fülle wirklichen menschlichen Verhaltens oder die Eigenschaften höherer psychischer Prozesse. So wie es zum Beispiel unmöglich ist, die Eigenschaften des Wassers nur anhand seiner Bestandteile Wasserstoff und Sauerstoff zu

* Wladimir Alexandrowitsch Wagner (1849–1934), Biologe und Psychologe, war von 1906 bis 1931 Professor an der Universität Sankt Petersburg/Leningrad. Seine Dissertation ‹*Die biologische Methode in der Zoopsychologie*› wurde 1901 publiziert; die Monographie ‹*Die biologischen Grundlagen der vergleichenden Psychologie (Bio-Psychologie)*› erschien in zwei Bänden 1910 beziehungsweise 1913 in Sankt Petersburg.

erkennen, sind auch keine Angaben über die Eigenschaften psychischer Prozesse, etwa der spontanen Aufmerksamkeit, anhand der Kenntnis zu gewinnen, wie ein bedingter Reflex auf einen neuen Reiz verläuft. In beiden Fällen sind die Eigenschaften der Systeme – im einen Fall Wasser, im anderen spontane Aufmerksamkeit – qualitativ zu unterscheiden von den Eigenschaften ihrer Elemente.

Wir stimmten auch der Meinung der deutschen Autoren zu, daß äußerlich gleiches Verhalten nicht zwangsläufig auf gleichen psychischen Mechanismen beruhen muß. Bei der Untersuchung von Kindern verschiedenen Alters oder von Personen unterschiedlicher Kulturen sind Natur und Entwicklungsgeschichte der äußerlichen Ähnlichkeit zu berücksichtigen, um die mögliche Verschiedenheit der zugrundeliegenden Systeme auszuschließen.

Wir studierten aufmerksam Piagets Buch ‹*Sprechen und Denken des Kindes*›.* Unsere grundlegende Differenz zur Arbeit dieses großen Schweizer Psychologen bestand in der Interpretation der Wechselbeziehung von Sprache und Denken. Aber der Stil seiner Untersuchungen, insbesondere die Verwendung von Fallstudien bei der Erforschung individueller Erkenntnisprozesse, entsprach fast vollkommen unserem Ziel, qualitative Unterschiede zwischen Kindern verschiedener Altersstufen aufzudecken.

Wygotskij war unser führender marxistischer Theoretiker. Im Jahre 1925, als er den Vortrag veröffentlichte, dem er die Einladung nach Moskau verdankt hatte, flocht er ein Zitat von Marx ein, dem eine Schlüsselposition in seinem Konzept zukam (Marx 1987, S. 193): «Eine Spinne verrichtet Operationen, die denen des Webers ähneln, und eine Biene beschämt durch den Bau ihrer Wachszellen manchen menschlichen Baumeister. Was aber von vorn herein den schlechtesten Baumeister vor der besten Biene auszeichnet, ist, daß er die Zelle in seinem Kopf gebaut hat, bevor er sie in Wachs baut. Am Ende des Arbeitsprocesses kommt ein Resultat heraus, das beim Beginn desselben schon in der Vorstellung des Arbeiters, also schon ideell vorhanden war. Nicht, daß er nur eine Form-

* Jean Piaget (1896–1980), Schweizer Psychologe und Erkenntnistheoretiker, Autor zahlreicher experimenteller und theoretischer Arbeiten zu Fragen der genetischen Psychologie. Piagets Buch ‹*Le langage et la pensée chez l'enfant*›, auf das Lurija an dieser Stelle anspielt, wurde 1932 in russischer Übersetzung in Moskau veröffentlicht und von ihm und Wygotskij nach Erscheinen ausführlich diskutiert und kritisiert.

veränderung des Natürlichen bewirkt, verwirklicht er im Natürlichen zugleich seinen Zweck, den er weiß, der die Art und Weise seines Thuns als Gesetz bestimmt und dem er seinen Willen unterordnen muß.» Diese Marxsche Auffassung spielte eine wesentliche Rolle bei Wygotskijs Entwicklung einer experimentellen Psychologie höherer psychischer Funktionen.

Unter dem Einfluß des Marxismus kam Wygotskij zu der Überzeugung, daß die Ursprünge der höheren Formen bewußten Verhaltens in den gesellschaftlichen Beziehungen des Individuums zu seiner Umwelt zu suchen seien. Der Mensch ist aber nicht nur ein Produkt seiner Umwelt – er beteiligt sich auch aktiv an ihrer Gestaltung. Die Kluft zwischen den physiologischen Erklärungen elementarer Prozesse und den mentalistischen Beschreibungen komplexer Vorgänge würde so lange bestehen bleiben, bis wir wüßten, auf welche Weise natürliche Prozesse, etwa die körperliche Reifung oder die sensorischen Mechanismen, mit denjenigen zusammenwirken, die durch die Kultur bestimmt werden. Wir mußten die Grenzen des Organismus überschreiten, um zu den Quellen spezifisch menschlicher Formen der psychischen Tätigkeit vorzudringen.

Wygotskij liebte es, seine Theorie als «instrumentelle», «kulturelle» oder «historische» Psychologie zu bezeichnen. Jeder dieser Begriffe spiegelte unterschiedliche Aspekte des von ihm vorgeschlagenen neuen Ansatzes wider. Jeder bezeichnete eine andere Quelle des Gesamtmechanismus, durch den die Gesellschaft und die Geschichte die Strukturen der Aktivitäten beeinflussen, die den Menschen vom Tier unterscheiden.

Der Ausdruck «instrumentell» unterstreicht die vermittelte Natur aller komplexen psychischen Funktionen. Im Unterschied zu den bedingten Reflexen, die sich nach dem Reiz-Reaktions-Schema charakterisieren lassen, beinhalten die höheren psychischen Funktionen zusätzliche Reize, die normalerweise vom Menschen selbst erzeugt werden. Der erwachsene Mensch reagiert nicht nur auf Reize – ob künstlich, vom Experimentator erzeugt oder natürlich –, er verändert sie auch aktiv und nutzt diese Veränderungen zur Steuerung seines Verhaltens. Einige dieser Modifikationen kennen wir aus Volksbräuchen, zum Beispiel das Binden eines Knotens, um sich an etwas zu erinnern. Viele Beispiele für dieses Prinzip wurden auch bei der Untersuchung der Strukturen kindlichen Denkens im Alter von drei bis zehn Jahren festgestellt.

Der «kulturelle» Aspekt der Theorie Wygotskijs bezog sich auf die Weisen, in denen die Gesellschaft Anforderungen organisiert, die sie an ein heranwachsendes Kind stellt, und auf die psychischen und physischen Instrumente, mit denen sie das Kind zur Erfüllung dieser Anforderungen ausstattet. Eines der Hauptwerkzeuge, das die Menschen erfanden, ist die Sprache, deren Rolle bei Organisation und Entwicklung von Denkprozessen Wygotskij besonders hervorhob.

Der «historische» Aspekt ist mit dem kulturellen verbunden. Die Werkzeuge, die Menschen zur Steuerung der Umwelt und des eigenen Verhaltens einsetzen, sind nicht plötzlich und im jetzigen Zustand vorhanden gewesen. Vielmehr wurden sie im Verlauf der menschlichen Geschichte erfunden und vervollkommnet. Die Sprache enthält die verallgemeinerten Begriffe, die den Fundus menschlichen Wissens bilden. Spezielle kulturelle Werkzeuge erweitern, wie das Schreiben und Rechnen, die Handlungsmöglichkeiten des Menschen. Diese Argumentationslinie führte zu der Schlußfolgerung: Wenn wir erforschen könnten, wie gedankliche Operationen bei Menschen entstehen, deren Kulturgeschichte noch kein Werkzeug wie die Schrift hervorgebracht hat, müßten wir eine andere Organisation höherer psychischer Prozesse entdecken, würden aber mit der gleichen Struktur der elementaren Prozesse konfrontiert werden. Anfang der dreißiger Jahre bekam ich die Möglichkeit zur Prüfung dieser Hypothese.

Alle drei Aspekte dieser Theorie lassen sich auf die Entwicklung des Kindes anwenden. Vom Augenblick der Geburt an tritt es in eine unaufhörliche Interaktion mit den Erwachsenen, die aktiv bestrebt sind, es in ihre Kultur einzugliedern und an ihrem im Laufe der Geschichte angesammelten Vorrat an Erkenntnissen und Fertigkeiten teilhaben zu lassen. In den Reaktionen des Kindes auf die Umwelt überwiegen zuerst die natürlichen, angeborenen Prozesse. Aber dank des Einflusses der Erwachsenen beginnen sich bedeutend kompliziertere instrumentelle psychische Prozesse herauszubilden. Zuerst laufen sie nur in der Auseinandersetzung des Kindes mit den Erwachsenen ab. Wygotskij bezeichnete diese Prozesse als «interpsychisch», an ihnen sind also verschiedene Menschen beteiligt. In diesem Stadium sind Erwachsene die Vermittler des kindlichen Kontakts zur Welt. Allmählich aber beginnen die Prozesse sich im Kind selbst zu vollziehen – sie werden «intrapsychisch». Und genau auf diesem Weg der Verinnerlichung geschichtlich bedingter und kulturell organisierter Möglichkeiten des Umgangs mit Wissen wird die soziale Natur des Menschen auch zu seiner psychischen Natur.

Anfangs kamen Leontjew und ich mit Wygotskij in dessen Wohnung ein- oder zweimal wöchentlich zusammen, um Pläne für unsere weiteren Forschungen zu schmieden. Wir erörterten die Hauptgebiete der kognitiven Psychologie: Wahrnehmung, Gedächtnis, Aufmerksamkeit, Sprache, das Lösen von Aufgaben und die Motorik. Wir mußten für jedes dieser Gebiete neue experimentelle Methoden finden, die den Beweis erbringen konnten, daß sich mit der Herausbildung höherer Tätigkeitsformen die gesamte Struktur des Verhaltens ändert.

Damals war ich Leiter des Psychologischen Laboratoriums am nach Lenins Frau benannten N. N. Krupskaja-Institut für Kommunistische Erziehung. Unter Mitwirkung von Studenten der Universität organisierte ich einen studentischen Arbeitskreis für Psychologie, in dem wir über die Ideen Wygotskijs debattierten. Alle Studenten und Kollegen Wygotskijs beteiligten sich an der Entwicklung experimenteller Methoden zur Erfassung des «instrumentellen» Verhaltens.

Die Entwicklung des Gedächtnisses wurde zum Arbeitsgebiet Leontjews. Er wollte herausfinden, ob es möglich sei, sowohl bei normalen wie auch bei geistig zurückgebliebenen Kindern verschiedener Altersstufen das Einprägen von Reizen durch Vorgabe zusätzlicher Reize zu beeinflussen. Dabei zeigte sich, daß der Prozeß des vermittelten Einprägens langwierig und schwierig ist. Zuerst läßt das Kind, das sich Wörter merken soll und dem man Bilder vorlegt, die sich eindeutig auf den Sinn der Wörter beziehen (zum Beispiel das Wort «Pferd» und das Bild eines Schlittens), die Bilder außer acht. Es kann zwei, drei oder vier Wörter behalten, allerdings nicht systematisch. Wir bezeichneten dies als «natürliches Gedächtnis», weil sich der Reiz (das Wort) offensichtlich im Prozeß des direkten, unvermittelten Eindrucks festsetzt.

Etwas später beginnt das Kind, die Bilder oder die «Hilfsreize», wie wir sie nannten, zu beachten. Manchmal halfen diese Hilfsreize, genauso oft aber taten sie dies nicht. Statt dessen nahm das Kind sie einfach in die Assoziationskette auf. Wenn beispielsweise das Bild «Schlitten» den Hilfsreiz bildete, erinnerte sich das Kind an das Wort «Schnee» statt an «Pferd». Nach und nach geht das Kind dann dazu über, solche Hilfssignale effektiv zu nutzen. Sie bleiben jedoch nach wie vor äußerlich in dem Sinne, daß die Verbindung durch die konventionelle Bedeutung des zu erinnernden Wortes, also durch die Kultur, gewährleistet wird. Erst bei Kindern im Alter von neun bis zehn Jahren beobachteten wir, wie sich die Fähigkeit zur Herstellung von Verbindungen verinnerlicht: Die Kinder beginnen, eigene Hilfssignale zu erzeugen. Diese Idee der Nutzung zweier Reizarten – eines Hauptreizes, der sich einprägen soll, und eines Hilfsreizes, der das Einprägen unterstützt – wurde zum zentralen methodologischen Werkzeug für all unsere Untersuchungen.

Eine andere Forschungslinie war der komplexen Wahlhandlung gewidmet. Erwachsene Versuchspersonen sollten bei erfolgtem Reiz auf eine oder mehrere Tasten drücken. Danach wurde die Geschwindigkeit einer einzelnen Reaktion auf einen einzelnen Reiz mit derjenigen verglichen, die sich durch die Wahl zwischen zwei oder mehr Reizen ergab. So hofften die Forscher, einen Unterschied zwischen dem Vorgang des Wählens und anderen Prozessen, etwa der Unterscheidung von Reizen und der Organisation der eigentlichen Bewegungsreaktion, feststellen zu können. Wygotskij nahm die widersprüchlichen Resultate aufs Korn und wies auf die Notwendigkeit hin, neue Wege bei der Erforschung des Wahlprozesses zu gehen.

Eine Mitarbeiterin Wygotskijs, Natalja Grigorjewna Morosowa *, begann damals, die Entstehung der komplexen Wahlreaktion bei kleinen Kindern zu untersuchen. In ihren Experimenten erhielten Drei- bis Vierjährige die einfache Aufgabe: «Drücke diesen Knopf, wenn du eine rote Karte siehst, jenen Knopf, wenn du eine blaue Karte siehst, und diesen anderen Knopf, wenn du eine grüne Karte siehst.» Dann wurden dem Kind gleichzeitig zwei oder drei Karten vorgelegt, und es sollte eine Wahl treffen. Durch diese Komplikation kam es zu einer Störung der kindlichen Bewegungsreaktionen. Das Kind vergaß oft, welche Farbe zu welchem Knopf gehörte. Und auch wenn es sich daran noch erinnern konnte, unterschied sich seine Reaktion grundlegend von der eines Erwachsenen. Das Kind verhielt sich unsicher, als ob es sich nicht zwischen Reizen, sondern zwischen den eigenen Bewegungen zu entscheiden hatte.

Von der Wahlreaktion ging Morosowa bald zur Erforschung des Gedächtnisses über. Ihre Untersuchungen glichen denen Leontjews. Weil es dem Kind schwerfiel, sich die Verbindung zwischen Reizen und Reaktionen zu merken, begann Morosowa, zusätzliche Reize zu verwenden. Das Bild eines Pferdes etwa ergänzte sie durch das eines Schlittens, das sie an der entsprechenden Reaktionstaste anbrachte. Die Ergebnisse zeigten, daß die Gesetze des vermittelten Einprägens auch auf die Wahlreaktion anwendbar waren.

* Natalja Grigorjewna Morosowa, sowjetische Psychologin, hat sich vor allem als Spezialistin für psychische Störungen im Kindesalter einen Namen gemacht.

Lurija mit seiner ersten Frau Lana, um 1930

Zur gleichen Zeit untersuchte R. E. Lewina die planende Rolle des Sprechens. Äußerlich betrachtet, schienen sich diese Arbeiten gänzlich von denen Leontjews und Morosowas zu unterscheiden, aber ihre Grundidee war dieselbe. Obwohl uns Piaget beeindruckt hatte, stimmten wir nicht mit seiner Ansicht überein, das Sprechen liefere bei kleinen Kindern keinen wesentlichen Beitrag zur Entwicklung des Denkens. Nach Wygotskij sahen die Entwicklungsphasen der Wechselbeziehung zwischen Sprechen und Denken ungefähr so aus: Anfänglich bilden Motorik und Sprechen im kindlichen Verhalten eine Einheit. Die Rede bezieht sich stets auf Objekte und emotionale Zustände und dient dem sozialen Kontakt. In der stetigen Auseinandersetzung mit den Eltern übernimmt das Sprechen mehr und mehr demonstrative Elemente, die dem Kind zu bezeichnen gestatten, was es tut und was es braucht. Nach einer gewissen Zeit schließlich fängt es an, seine sprachlichen Möglichkeiten nicht nur für den Umgang mit anderen Personen, sondern auch für sich selbst zu verwenden. Damit dienen sie nicht mehr allein zur Einflußnahme auf das Verhalten anderer Personen, sondern auch zur Selbststeuerung.

Lewina forderte Drei- bis Vierjährige auf, ähnliche Aufgaben zu lösen, wie sie Köhler seinen Schimpansen gestellt hatte, nämlich an schwer erreichbare Gegenstände heranzukommen. So wurde beispielsweise ein Bonbon auf einen Schrank gelegt, der für das Kind zu hoch war. Daneben auf dem Fußboden lag ein Stock.

Ein Kind löste diese Aufgabe, indem es fortwährend mit sich selbst sprach:

«Das Bonbon liegt so hoch. [Dabei klettert das Mädchen auf ein Sofa und fängt an zu hopsen.] Ich muß Mami rufen, damit sie es mir holt [springt weiter]. Ich komme nicht heran, es liegt so hoch. [Das Mädchen nimmt den Stock und schaut auf das Bonbon.] In Papas Zimmer steht auch so ein großer Schrank, und er kann auch manchmal Sachen nicht erreichen. Nein, mit der Hand kann ich es nicht schaffen, ich bin noch zu klein. Es ist besser, wenn ich mich auf einen Stuhl stelle. [Es klettert auf einen Stuhl und schwenkt den Stock, der gegen den Schrank schlägt.] Bumbum! [Das Mädchen lacht. Es schaut auf das Bonbon, nimmt den Stock und schiebt es herunter.] So! Der Stock hat es geschafft. Ich muß ihn mit nach Hause nehmen.»

Wygotskij untersuchte besonders aufmerksam, wie das scheinbar egozentrische Sprechen des Kindes eine Rolle zunächst beim Lösen solcher Aufgaben und dann bei der Handlungsplanung übernimmt. Er zeigte, wie Sprechen das Handeln nicht mehr einfach nur begleitet, sondern das ganze Verhalten steuert. Kurz gesagt: Es erhält die «instrumentelle» Funktion, die er bei älteren Kindern und Erwachsenen für charakteristisch hielt.

Den gleichen Grundgedanken verfolgte auch Alexander Wladimirowitsch Saporoshez * in seinen Untersuchungen zu unterschiedlichen For-

* Alexander Wladimirowitsch Saporoshez (1905–1981), zum engeren Kreis der kulturhistorischen Schule der sowjetischen Psychologie gehörend, nahm 1922/23 bei dem berühmten Schauspieler Les Kurbas, dem Begründer des revolutionären Theaters in der Ukraine, Schauspielunterricht; aus der allen Mimen sich stellenden Aufgabe,

Alexander W. Saporoshez

men spontanen motorischen Verhaltens bei Kindern verschiedener Altersstufen. Dabei stellte er fest, daß sich die natürlichen, unbewußten Bewegungen des Kindes allmählich in instrumentelle, bewußte verwandeln. Dies ließ sich besonders gut verfolgen, wenn das Kind zur erfolgreichen Lösung einer Aufgabe von außen gesetzte Regeln befolgen mußte.

Bei sehr kleinen Kindern kommt dieser Übergang zu willkürlichen Bewegungen nur dann zustande, wenn die unmittelbaren Bedingungen, auch die eigenen Wünsche des Kindes, ihn erforderlich machen. Er «läuft einfach ab». Danach beginnt das Kind allmählich, Hilfsreize zu verwenden, um die eigenen Bewegungen in den Griff zu bekommen. Zunächst

szenisches Verhalten und Emotionen perfekt zu beherrschen, entwickelte sich das Hauptthema seiner Forschung: die Entwicklung und Steuerung der Willkürmotorik (vgl. Saporoshez [Zaporožec] 1990).

handelt es sich um äußere Hilfsreize; ein Erwachsener etwa befiehlt: «Spring!» Später kann sich das Kind den Befehl selbst geben, indem es sich «Spring!» zuflüstert. Schließlich braucht es einfach nur «Spring!» zu denken, und die Bewegung läuft als bewußte Handlung ab.

In einem anderen Fall verwendete L. S. Sacharow, ein früh verstorbener, begabter Mitarbeiter Wygotskijs, dieselbe Methode zur Erforschung der Klassifikationsprozesse. Er stellte fest, daß die Bezeichnungsfunktion der Wörter, die auf verschiedenen Altersstufen scheinbar konstant bleibt, weil die Wörter die gleichen sind, in Wirklichkeit tiefgreifenden Veränderungen unterliegt. Auf den frühesten Entwicklungsstufen bezeichnen Wörter nicht nur den Gegenstand, sondern unter anderem auch die Gefühle, die dieser Gegenstand beim Kind hervorruft. Dann beziehen sich die Wörter auf die Gegenstände und ihren unmittelbaren Kontext und erst später auf abstrakte Kategorien. Die zugrundeliegenden Untersuchungsverfahren wurden zuerst Wygotskij-Sacharow-Methode genannt; als diese dann auch im Ausland bekannt wurde, erhielt sie den Namen «Hanfmann-Kasanin-Methode», zu Ehren der beiden Wissenschaftler, die Wygotskijs Arbeit übersetzten und dessen Methode anwendeten.

1929 begann unsere Gruppe mit der Analyse der «signifikativen» Tätigkeit. Darunter verstanden wir den Weg, auf dem Kinder die Fähigkeit erwerben, Reizen Bedeutung zu verleihen und somit ihre eigenen «instrumentalisierten», vermittelten Aktivitäten zu entwickeln. Wir forderten Kinder auf, Piktogramme, Bilder zu erfinden, um sich eine Reihe abstrakter Wörter besser einprägen zu können.

Es stellte sich heraus, daß kleine Kinder unfähig sind, diese Aufgabe zu erfüllen. So sollte zum Beispiel ein vierjähriges Mädchen etwas zeichnen, das ihm helfen würde, den Satz «Der Lehrer ärgert sich» zu behalten. Das Mädchen lachte nur und malte eine einfache Linie aufs Papier. Aber sein Sprechen und seine Bewegungen brachten keine instrumentelle Beziehung zum Ausdruck. Das Mädchen vergaß nicht nur den Satz selbst, sondern auch das Ziel des ganzen Unterfangens.

Ältere Kinder dagegen konnten nicht nur Bilder zeichnen, die ein wesentliches Element des Satzes widerspiegelten (so wurde zum Beispiel ein ungehorsamer Junge mit einem Kopf ohne Ohren gemalt), sie fügten auch noch interessante Bemerkungen hinzu. Wygotskij hob hervor, daß die Kinder, nachdem sie das Bild gemalt hatten, den Experimentator ansprachen (ohne dazu aufgefordert zu sein), um ihm den charakteristischen Zug des Bildes zu erklären. Zum Thema «Eine listige Alte» zeichnete ein Kind beispielsweise eine Frau mit großen Augen und sagte, an den Experimentator gewendet: «Sehen Sie, was für große Augen sie hat.» Bei noch älteren Kindern war dieses Aufmerksamkeit erheischende Sprechen nicht mehr an Erwachsene gerichtet; vielmehr «tauchte es unter», und das Kind gebrauchte es, um die eigene Tätigkeit zu steuern.

Vom Standpunkt der heutigen Psychologie betrachtet, wirken unsere damaligen Forschungen wie Studentenprojekte, doch legte die allgemeine Konzeption dieser Pilotstudien das methodologische Fundament einer neuen psychologischen Theorie, und eine Reihe damals entwickelter experimenteller Verfahren verwendete ich während meiner gesamten späteren Tätigkeit. Die Studenten und jungen Mitarbeiter Wygotskijs, die diese Arbeit leisteten, spielten eine bedeutende Rolle in der Entwicklung der sowjetischen Psychologie, indem sie diese frühen Ansätze erweiterten und verfeinerten.

Dank meiner Zusammenarbeit mit Wygotskij und den findigen Arbeiten unserer Studenten unterlag meine eigene Tätigkeit ständigen Änderungen. Gleichzeitig mit den neuen Arbeiten setzte ich meine Forschungen zur Methode der motorischen Kopplung fort. Wie aber aus meinem 1932 in den USA erschienenen Buch ‹*The Nature of Human Conflicts*› hervorgeht, begann sich der Schwerpunkt meines Interesses zu verlagern. Wygotskij sah in meinen Analysen der Dynamik von Emotionen ein Modell zur Untersuchung der Wechselbeziehungen zwischen willkürlichen Bewegungen und Sprechen. Er meinte speziell die Frage, auf welche Weise die Sprache als Instrument der Verhaltensorganisation dient. In die letzten Kapitel von ‹*The Nature of Human Conflicts*› nahm ich einige Ergebnisse meiner früheren Forschungen über die Entwicklung der regulativen Funktion des Sprechens auf; aber erst viele Jahre später wurden diese Probleme zu meinem zentralen Arbeitsfeld.

Es ist äußerst schwierig, sich nach so langer Zeit die Leidenschaft zu vergegenwärtigen, mit der wir an die Arbeit gingen. Unsere Gruppe widmete fast jede freie Minute der planmäßigen Umgestaltung der Psychologie. Wenn Wygotskij irgendwohin fuhr, schrieben ihm die Studenten zu seiner Abreise Gedichte. Und wenn er in Moskau Vorlesungen hielt, waren wir alle dabei.

Seine Vorlesungen waren stets ein Ereignis. Es war üblich, daß er

Lurija, Ende der zwanziger Jahre

drei, vier oder fünf Stunden lang ohne Unterbrechung redete und nur einen kleinen Zettel mit Notizen bei sich hatte. Ein Großteil der überlieferten Materialien, die seine Tätigkeit dokumentieren, besteht aus Mitschriften dieser Vorlesungen.

Zu Beginn trafen unsere theoretischen Ansätze unter Wissenschaftlern auf wenig Verständnis. Sie fragten: «Warum ‹Kulturpsychologie›? – Jeder Prozeß stellt eine Mischung aus natürlichen und kulturellen Einflüssen dar. Warum ‹historische Psychologie›? – Man kann psychologische Tatsachen erforschen, ohne sich für die Geschichte des Verhaltens primitiver Völker zu interessieren. Warum ‹instrumentelle Psychologie›? – Wir alle benutzen Instrumente bei unseren Versuchen.»

Mit der Zeit, nach unzähligen, mitunter heftigen Diskussionen und durch den Gedankenaustausch in wissenschaftlichen und anderen Zeitschriften, verfeinerten wir unsere Methode. Die Theorie wurde differenzierter und genauer. Im Laufe weniger Jahre fanden Wygotskijs Auffassungen weite Verbreitung und wurden zur Grundlage der führenden Richtung in der sowjetischen Psychologie.

Eine der wichtigsten Überzeugungen Wygotskijs, die meine wissenschaftliche Weltanschauung beeinflußt hat, betraf seinen Grundsatz, psychologische Forschung dürfe sich nicht ausschließlich auf Spekulationen und Laborhypothesen beschränken, die das reale Leben ausklammern. Die unterschiedlichen psychologischen Probleme, die in der Schule, am Arbeitsplatz oder in der Klinik auftreten, wollte Wygotskij zu *einem* Gebiet wissenschaftlicher Arbeit, zu einer Psychologie neuen Typs zusammenfassen. Bezeichnend ist, daß sich Wygotskij bereits als Dozent an der Pädagogischen Hochschule von Gomel mit speziellen Problemen der Ausbildung geistig zurückgebliebener Kinder beschäftigt hatte. Diesem Interesse blieb er auch später treu. In den zwanziger Jahren gründete er das Institut für Experimentelle Defektologie, das jetzt als Institut für Defektologie der Akademie der Pädagogischen Wissenschaften der RFSFR seinen Schülern als Forschungsstätte dient.

Im Unterschied zu anderen Wissenschaftlern richtete Wygotskij seine Aufmerksamkeit auf die *Fähigkeiten*, die geistig zurückgebliebene Kinder besitzen und die die Grundlage zur vollen Entfaltung ihrer Möglichkeiten bilden. Ihn fesselten vor allem ihre Stärken, nicht ihre Defekte. Er lehnte die übliche Form einfacher quantitativer Untersuchungen ab, die darin bestand, einzelne psychologische Merkmale mit Hilfe von Tests zu erfassen. Statt dessen hatte er es auf qualitative Beschreibungen des spezifischen Verhaltensaufbaus behinderter Kinder abgesehen. Seine Diagnose-Protokolle von Kindern mit verschiedensten Behinderungen wurden von seiner Mitarbeiterin L. Geselina gesammelt; viele davon sind leider während des Zweiten Weltkriegs zerstört worden, andere gingen nach ihrem Tod verloren. Dieser Arbeitszweig wurde dennoch von vielen begabten Forschern weitergeführt, vor allem von Wygotskijs ehemaligen Studentinnen Morosowa und Lewina.

Ein weiteres wichtiges Gebiet praktischer Arbeit war für Wygotskij die Psychiatrie, die genau wie die Psychologie damals in einer Krise steckte. Die psychiatrischen Theorien waren überwiegend deskriptiv und zudem äußerst spekulativ, ihre Methoden bis auf wenige beachtenswerte Ausnahmen subjektiv und unsystematisch. Wygotskij war ein ausgesprochener Gegner der Freudschen «Tiefenpsychologie» mit ihrer Betonung der biologischen Natur des Menschen. Statt dessen schlug er gewissermaßen eine «Höhenpsychologie», also eine Psychologie der gesellschaftlich organisierten Erfahrung, vor, die den Aufbau der bewußten Tätigkeit des Menschen bedinge. Nach seiner Meinung bildete die psychiatrische Klinik ein zusätzliches Feld zur Erforschung der höheren psychischen Funktionen. Er wandte sich Versuchen zu, die er teils aus der Evolutionsforschung übernahm, teils speziell formulierte; sie galten der Erzeugung pathologischen Verhaltens unter experimentell kontrollierten Bedingungen. An diesen Arbeiten war auch Bljuma Zeigarnik beteiligt, die Ende der zwanziger Jahre in die UdSSR zurückgekehrt war, nachdem sie gemeinsam mit Kurt Lewin lange Jahre in Deutschland geforscht hatte.

Vielleicht das ergiebigste Gebiet, sicher aber das für meine eigene Entwicklung bedeutsamste waren Wygotskijs Arbeiten zur Neurologie. Sie führten uns beide zur Weiterbildung an die Medizinische Hochschule. Für mich bedeutete dies die Rückkehr zur medizinischen Laufbahn, die mir mein Vater zehn Jahre zuvor nahegelegt hatte. Für Wygotskij war es der Anfang eines Weges, den er nicht zu Ende gehen konnte.

Die Neurologie der zwanziger Jahre war eine Errungenschaft deutscher Forschungen aus der zweiten Hälfte des 19. Jahrhunderts. Man hatte gewisse, für die psychische Tätigkeit verantwortliche Zentren identifiziert, zum Beispiel das Broca-Zentrum für die Sprachmotorik, und war gerade dabei, Karten von der Hirnrinde anzulegen. Solche Versuche hatten eine gewisse Bedeutung für die Ergründung des kortikalen Substrats psychischer Funktionen. Wygotskij meinte allerdings, daß die Ergebnisse der Neurologie nicht eng genug mit entsprechenden psychologischen Theorien verknüpft waren. Was fehlte, war die Entwicklung einer Neuropsychologie.

Zwei Beispiele einer derartigen Disziplin waren Wygotskij aus der russischen Wissenschaft bekannt. So wandte Bechterew in der neurologischen Klinik psychologische Experimentalverfahren an. Wygotskij konnte jedoch seine Reflexologie nicht als Theorie höherer, spezifisch menschlicher psychischer Funktionen anerkennen. Ferner wurde im Moskauer Rossolimo-Institut für Neurologie eine Reihe von Tests zur klinischen Diagnostik erarbeitet, die den später von dem amerikanischen Psychologen David Wechsler entwickelten ähnelten. Doch diese Tests vermochten die psychischen Mechanismen nicht aufzuklären, die durch neuronale Störungen beeinträchtigt wurden.

Wygotskij schlug deshalb einen Ansatz vor, der auf einer neuartigen Analyse der psychischen Vorgänge beruhte. Vor allem war er bestrebt, sowohl die Wechselbeziehungen zwischen den elementaren und den höheren psychischen Funktionen als auch ihre zerebrale Organisation beim normalen Erwachsenen festzustellen. Dann entwickelte er allgemeine Prinzipien, die Veränderungen in der Struktur der psychischen Tätigkeit erklärten, welche einerseits für verschiedene pathologische Zustände, andererseits für die frühe Ontogenese charakteristisch sind.

Seine ersten Beobachtungen führte er an Sprachbehinderten (Aphasikern) in der Neurologischen Klinik durch. Diese Entscheidung entsprach seiner Überzeugung, daß die Beherrschung der Sprache für die höheren psychischen Prozesse eine dominierende Rolle spielt. Obwohl sich die ersten Hypothesen als naiv erwiesen haben, wurde die allgemeine These, daß zur Erklärung neurologischer Störungen menschlichen Verhaltens eine adäquate psychologische Theorie dieses Verhaltens notwendig sei, wegweisend für die weitere Entwicklung der Neuropsychologie in der UdSSR.

Wygotskijs Ansatz war das Modell für all unsere späteren neuropsychologischen Forschungen. Zur Untersuchung lokaler Gehirnstörungen studierte er einzelne Patienten mit dem Ziel, qualitative Unterschiede zwischen der normalen und der gestörten Sprachtätigkeit aufzudecken. Die Ergebnisse bezogen sich sowohl auf die Hirnstrukturen einer gegebenen Störung wie auch auf die zugrundeliegenden psychischen Mechanismen. Weil wir uns mit Sprachstörungen befaßten, begannen wir Linguistik zu studieren, um die psychologischen Untersuchungen abzustützen.

In dem einen Jahrzehnt zwischen Wygotskijs Ankunft in Moskau und seinem Tod im Jahre 1934 – er starb an Tuberkulose – war es ihm gelungen, ein psychologisches System zu entwerfen, das bis heute nicht vollständig ausgemessen werden konnte. Tatsächlich stehen alle Zweige der sowjetischen Psychologie, theoretisch und praktisch, unter dem Einfluß seiner Ideen. Dasselbe Jahrzehnt gab aber auch meiner eigenen Arbeit eine grundlegend neue Richtung. Wygotskij förderte mein Interesse für Psychologie und verhalf mir zu einem unvergleichlich breiteren und tieferen Verständnis meiner eigenen ursprünglichen Ansätze. Gegen Ende der zwanziger Jahre stand die Richtung meiner weiteren Tätigkeit fest. Ich widmete sie der Ausarbeitung verschiedener Aspekte des psychologischen Systems Wygotskijs.

Von 1928 bis 1934 konzentrierte ich meine Energie auf die Analyse der gesellschaftlichen Entstehung und der vermittelten Struktur höherer

Lurija um 1935

psychischer Prozesse. Diese Arbeit basierte auf der These Wygotskijs, die höheren psychischen Funktionen des Menschen entstünden aus einer komplizierten Wechselwirkung zwischen biologischen Faktoren, die Teil der physischen Natur sind, und kulturellen Faktoren, die sich im Laufe der langen Menschheitsgeschichte entwickelt haben. Kurz vor seinem Tod ersann ich mit meinen Kollegen zwei zusätzliche Verfahren zur Feststellung derartiger Wechselwirkungen. Das erste Verfahren richtete sich auf die Entwicklung dieser Funktionen aus den ihnen voraufgehenden natürlichen, biologisch determinierten Faktoren, das zweite auf den Zerfall höherer psychischer Funktionen infolge bestimmter Gehirnstörungen.

In der Periode von 1928 bis 1934 und dann erneut Ende der vierziger Jahre verfolgte ich besonders den Entwicklungsaspekt, von 1936 bis 1945 und ab Mitte der fünfziger Jahre konzentrierte ich mich dagegen auf die

Erforschung des Zerfalls und der Wiederherstellung höherer psychischer Funktionen sowie der sie steuernden Hirnmechanismen.

Die Entwicklungsforschungen gliederten sich weiter in drei Arbeitsfelder, die jeweils auf unterschiedliche Art und Weise die Wechselbeziehung biologischer und kultureller Faktoren thematisierten. Um den gesellschaftlichen Einfluß auf die Herausbildung höherer psychischer Funktionen nachzuweisen, beschäftigten wir uns zunächst mit Erwachsenen, die unter anderen kulturellen Voraussetzungen aufgewachsen waren als in den Industriezentren des europäischen Rußland üblich. Danach unternahmen wir Langzeitanalysen von eineiigen und zweieiigen Zwillingen. Die ersten haben bekanntlich einen identischen Genotyp, die zweiten nicht; entsprechend hofften wir auf diese Weise die «natürlichen» und die «kulturbedingten» Entwicklungsfaktoren unterscheiden zu können. Und schließlich erforschten wir vergleichend die Entwicklung normaler und geistig zurückgebliebener Kinder. Die Untersuchung biologisch bedingter Entwicklungsstörungen half uns, sowohl die Struktur der normalen höheren psychischen Funktionen zu verstehen als auch Verfahren zur bestmöglichen Unterstützung behinderter Kinder zu entwickeln.

Die Untersuchung des Zerfalls höherer psychischer Funktionen betrachteten wir stets als Gegenstück zur Entwicklungsforschung. Ende der zwanziger Jahre jedoch trafen wir noch keine klare Unterscheidung zwischen diesen beiden Herangehensweisen und verfolgten beide Richtungen gleichzeitig: Ein Kindergarten und eine Klinik galten uns gleichermaßen als lohnendes Arbeitsfeld. Ab 1941 aber, als der Krieg in unser Land getragen wurde, hatten wir keine Wahl mehr. All unsere Kräfte konzentrierten sich auf das Studium des kortikalen Substrats höherer psychischer Funktionen. In den folgenden schweren Jahren beschäftigten wir uns vor allem mit den theoretischen Grundlagen und mit der Anwendung der Neuropsychologie für die Rehabilitationspraxis.

Andere Kulturen – anderes Denken

Wir gehörten nicht zu den ersten, die erkannten, daß der Vergleich intellektueller Tätigkeit in unterschiedlichen Kulturen wertvolle Hinweise zu Entstehung und Organisation menschlichen Denkens liefern kann. Seit Jahrzehnten wurde in der Psychologie die Frage debattiert, ob sich die grundlegenden geistigen Fähigkeiten von Erwachsenen, die in verschiedenen Kulturen aufgewachsen sind, voneinander unterscheiden. Schon zu Beginn des Jahrhunderts meinte der französische Gesellschaftswissenschaftler Émile Durkheim, daß die Denkprozesse kein Ergebnis der natürlichen Evolution oder der Entwicklung des inneren geistigen Lebens, sondern gesellschaftlich bedingt seien. Durkheims Ideen inspirierten viele Forscher. Unter ihnen ragt der französische Psychologe Pierre Janet* heraus, der meinte, komplexe Formen des Gedächtnisses seien genau wie die Vorstellungen von Raum, Zeit und Zahl das Produkt der konkreten Geschichte einer Gesellschaft und keineswegs Kategorien des menschlichen Geistes, wie es die idealistische Psychologie lehrte.

In den zwanziger Jahren konzentrierten sich diese Diskussionen auf zwei Probleme: ob einerseits der Inhalt des Denkens, die Grundkategorien zur Beschreibung von Erfahrungen, und andererseits die intellektuellen Grundfunktionen der menschlichen Wissensverarbeitung als kulturabhängig zu fassen seien. Lucien Lévy-Bruhl**, der auf die damalige

* Pierre Janet (1885–1947), französischer Psychologe und Psychiater, zuletzt Professor am Collège de France, faßte die Psychologie als Verhaltenstheorie auf, ohne dabei das Bewußtseinsproblem außer acht zu lassen (hierin unterschied er sich von den amerikanischen Behavioristen). Nach Janet bildet das Psychische ein energetisches System, das verschiedene Komplexheitsstufen zuläßt. Janets Theorie wurde Ende der zwanziger, Anfang der dreißiger Jahre sowohl von Wygotskij wie auch von Lurija und Leontjew eingehend studiert.

** Lucien Lévy-Bruhl (1857–1939), französischer Philosoph und Ethnologe, hat auf der Grundlage umfangreicher ethnographischer Beobachtungsdaten die Theorie aufgestellt, das Denken der von ihm so bezeichneten Primitiven folge anderen (logischen) Gesetzen als das der modernen Europäer. Seine ethnologischen Hauptschriften: ‹*Les*

Psychologie großen Einfluß ausübte, nahm an, das Denken primitiver Analphabeten folge anderen Regeln als das Denken moderner Menschen mit Schulbildung. Er charakterisierte das «primitive» Denken als «vorlogisch» und «unorganisiert»; es kenne keine logischen Widersprüche und führe natürliche Erscheinungen auf mythische Kräfte zurück.

Die Kontrahenten Lévy-Bruhls, zum Beispiel William Halse Rivers *, behaupteten das Gegenteil, daß sich nämlich der Intellekt von Menschen aus «primitiven» Kulturen von dem des modernen, gebildeten Menschen in einer technisch entwickelten Gesellschaft im Grunde nicht unterscheidet. Laut Rivers denken Menschen, die unter primitiven Bedingungen leben, nach den gleichen logischen Gesetzen wie wir. Der Hauptunterschied besteht allein darin, daß sie die Tatsachen der äußeren Welt anderen als den uns vertrauten Kategorien zuordnen.

Verschiedene Gestaltpsychologen beschäftigen sich ebenfalls mit dem Problem «primitiven» Denkens. Heinz Werner hob den Unterschied im Denken moderner erwachsener und «primitiver» Menschen hervor. Er sah strukturelle Ähnlichkeiten bei «primitiven» Menschen, Kindern und geistig gestörten Erwachsenen, die sich in undifferenziertem, synkretistischem Denken äußerten. Andere Vertreter der Gestaltpsychologie unterstellten die Existenz kulturunabhängiger Eigenschaften des Denkens; Prinzipien wie «Geschlossenheit» oder «gute Gestalt» seien als universelle Kategorien anzusehen.

Die Diskussion über diese Fragen war für uns von großem Interesse, obwohl die Argumente nicht auf psychologischen Beobachtungen beruhten. Das Material, das Lévy-Bruhl und seine Kritiker verwendeten, bestand in nichts anderem als ein paar Geschichten, die Abenteurer und Missionare in fernen Ländern und bei exotischen Völkern gesammelt hatten. Die professionelle anthropologische Feldforschung steckte noch in den Kinderschuhen, deshalb fehlte es an Daten, die als Ergebnis genauer wissenschaftlicher Beobachtung hätten gelten können. Es lagen

fonctions mentales dans les societés inférieures›, Paris 1910 (‹*Das Denken der Naturvölker*›, Wien 1921), und ‹*La mentalité primitive*›, Paris 1922 (‹*Die geistige Welt der Primitiven*›, München 1927).

* William Halse Rivers (1864–1922), britischer Sinnesphysiologe und Anthropologe, lehrte vor allem physiologische und experimentelle Psychologie an der Universität Cambridge. Er nahm an zahlreichen ethnologischen Expeditionen teil und trug nach dem Ersten Weltkrieg wesentlich zur Verbreitung der psychoanalytischen Theorie in Großbritannien bei.

Moskau, 12. XII. 29.

Lieber Herr Lewin,

Ich sende Ihnen hierbei eine Aufnahme, wo sie sich mit Piaget und Katz finden werden. Hoffentlich macht Ihnen die Aufnahme Spass. Sie werden hier auch die zweite Aufnahme – mit dem Schuhputzer finden. Sieht der Grünbaum nicht grossartig aus?

Heute bekam ich die Lizenz für die Einführung der 300 Meter Film, die wir austauschen wollen; unser Film über die Entwickelung des Zählens ist teilweise im Druck, teilweise in Montage und ich hoffe es Anfang Februar zu senden. Die Lizenz liegt in Berlin, Russische Handelsvertretung, Kino-Abteilung, bei Mariasow; es währe am besten, wenn Sie ihn anrufen möchten.

Wir haben mit Vygotski eine Idee einer grossen Expedition zu den primitiven Völkern in Sibirien oder in Südasien; die Expedition soll u.a. psychologische Probleme lösen, die wir vorbereiten könnten; es wäre am besten sie im Sommer 1931 durchzumachen. Wollen Sie an der Expedition teilnehmen? Ich glaube, unsere Akademie oder das Institut für Ethnologie des Ostens werden teilweise die Expedition unterstützen; ich möchte auch die Amerikaner – vielleicht jemanden von Boas (Kleinberg?) einladen. Wenn wir von einem deutschen und einem Amerikanischen Institut (vielleicht auch – den Bureau von Piaget) ~~[illegible]~~ eine Teilunterstützund der Expedition bekommen konnten, – wäre es möglich wirklich sehr schöne Dinge zu machen. Schreiben Sie mir 1) ob Sie die Einladung zu der Teilnahme in der Expedition annemen werden, 2) ob wir auf eine Unterstützung (ungefähr an 1/3) von einer deutschen Instanz, die in einer Internationalen Expedition interessiert ist – rechnen konnten? Vielleicht können wir ~~[illegible]~~ mit Ethnologen – Hornbostel, Thurnwald sprechen?

Ich rechne auf Ihre Reise nach Moskau im Frühjahr 1931, dann können wir die Expedition als eine Fortsetzung Ihrer Reise arrangieren...

Ihr Buch über die Gesetze des menschlichen Verhaltens ist im Staatsverlag prinzipiell angenommen, jetzt sollen Sie auf einen offiziellen Brief warten

Haben Sie schon mein Manuskript über die Genese der Kinderschrift bekommen? Wie wird es mit zwei meiner Arbeiten gehen?

Herzlichste Grüsse und Dank (für den Separat) an Ihre Frau!

Ihr Al. Luria

nur wenige Forschungsergebnisse über sensorische Prozesse vor, die zu Beginn des Jahrhunderts von ausgebildeten Psychologen gewonnen worden waren. Diese Daten hatten aber keinen unmittelbaren Bezug zu den strittigen Fragen, die die höhere und eben nicht die elementare Erkenntnistätigkeit betrafen.

Die Lage auf dem Gebiet psychologischer Theorien war nicht erfreulicher. Die alte Zweiteilung der Psychologie in einen naturwissenschaftlichen (erklärenden) und einen phänomenologischen (beschreibenden) Bereich versperrte den Weg zu einem einheitlichen Forschungskonzept. Die Theorie Wygotskijs bescherte uns diese notwendige Einheit, aber uns fehlten Daten, auf die wir unsere Theorien hätten anwenden können.

Wir faßten den Plan, eine breit angelegte Untersuchung der intellektuellen Tätigkeit bei Erwachsenen durchzuführen, die einer technisch rückständigen, des Lesens und Schreibens unkundigen, «traditionellen» Gesellschaft angehörten. Damals ereigneten sich in den entlegenen Regionen der Sowjetunion rapide kulturelle Umgestaltungen, und wir hofften, diesen gesellschaftlichen Wandel bis in die Denkprozesse zurückverfolgen zu können. Der Zeitpunkt war günstig: Mit Einführung der Kollektivierung und Mechanisierung der Landwirtschaft kam es in vielen ländlichen Regionen zu schlagartigen Veränderungen. Wir hätten durchaus in entlegene russische Dörfer gehen können, aber wir wählten für unsere Untersuchungen Siedlungen und Rastplätze von Nomaden in Usbekistan und Kirgisien, wo die Differenzen zwischen traditioneller und moderner Kultur optimale Möglichkeiten zur Beobachtung der Veränderungen von Form und Inhalt menschlichen Denkens boten. Mit Wygotskijs Hilfe organisierte ich eine wissenschaftliche Expedition in diese Regionen.*

Usbekistan ist mit Recht stolz auf seine hochentwickelte, uralte Kultur – stolz auf die Errungenschaften in Wissenschaft und Dichtung, die unter anderen mit solch namhaften Persönlichkeiten verbunden sind wie Ulug-Beg, einem Mathematiker und Astronomen, der die berühmte Sternwarte bei Samarkand gründete, dem Philosophen Al Biruni, dem

* Lurija hat die auf den beiden kulturpsychologischen Expeditionen nach Mittelasien gewonnenen Forschungsergebnisse in einer Monographie vorgestellt, die erst 1974 in Moskau veröffentlicht wurde (deutsche Übersetzung vgl. Lurija 1986).

Arzt Ibn Sina sowie dem Dichter Nizami.* Das Volk jedoch bestand größtenteils aus Analphabeten und blieb von dieser Hochkultur ausgeschlossen. Die Menschen wohnten vorwiegend in Dörfern und waren völlig von den reichen Grundbesitzern und den allmächtigen Feudalherren abhängig. Ihre Wirtschaft basierte auf dem Baumwollanbau. In den Gebirgsregionen Kirgisiens, die an Usbekistan grenzen, überwog die Viehzucht. Die konservative Lehre des Islam übte einen mächtigen Einfluß auf die Bevölkerung aus und verwehrte den Frauen jegliche Beteiligung am öffentlichen Leben.

Nach der Oktoberrevolution ereigneten sich in diesen Gegenden tiefgreifende sozio-ökonomische und kulturelle Veränderungen. Die alte Klassenstruktur der Gesellschaft löste sich auf; in vielen Dörfern wurden Schulen eröffnet, und es entstanden neue Formen von Produktions-, Gesellschafts- und Wirtschaftstätigkeit. Die von uns beobachtete Periode umfaßte die Kollektivierung der Landwirtschaft, radikale sozio-ökonomische Umwälzungen genauso wie die Emanzipation der Frau. In unserer Studie konnten wir deshalb unterentwickelte, des Schreibens und Lesens unkundige Bevölkerungsgruppen, die in Dörfern wohnten, mit solchen vergleichen, die schon ins moderne Leben einbezogen waren.

Keine der von uns untersuchten Personen besaß eine Hochschulbildung. Sie unterschieden sich deutlich in ihren praktischen Tätigkeiten, ihren Umgangsformen und ihrer Weltanschauung. Insgesamt ließen sie sich in fünf Gruppen einteilen:

1. In entlegenen Dörfern wohnende Analphabetinnen, die von allen modernen, öffentlichen Angelegenheiten ausgeschlossen waren. Als wir

* *Ulug-Beg*, eigentlich Muhammad Taragay (1394–1449), usbekischer Astronom und Mathematiker, begründete 1420 in Samarkand eine Hochschule und eine Sternwarte, deren Ausrüstung für die damalige Zeit außerordentlich genaue Meßergebnisse zuließ. *Al Biruni* (973–1048), Universalgelehrter und Denker, Verfasser von etwa 150 Traktaten über Astronomie, Mineralogie, Physik, Heilkundemittel, Geschichte, Philosophie usw. *Ibn Sina*, latinisiert: Avicenna (980–1037), Arzt und Universalgelehrter, Anhänger des Aristotelismus, Autor vieler Traktate über metaphysische, logische, astronomische, physikalische, medizinische und andere Themen (in arabischer oder farsischer Sprache). *Nizami*, eigentlich Eljas ebn-e Yusef Nezami (1141–1209), Begründer des persischen romanzenhaften Epos. Zu seinen bekanntesten Werken gehören ‹*Chosron und Schirin*›, ‹*Leila und Madschnun*› und ‹*Die sieben Geschichten der sieben Prinzessinnen*›, ein Band, der unter anderem die Geschichte der Prinzessin Turandot enthält.

unsere Untersuchungen durchführten, war die Anzahl solcher Frauen noch bedeutend. Die Gespräche mit ihnen führten ebenfalls Frauen, weil nur sie das Recht hatten, den «Frauenraum» im Haus zu betreten.

2. Bauern aus entlegenen Dörfern, die in die vergesellschaftete Arbeit noch nicht einbezogen waren und weiterhin von der Individualwirtschaft lebten. Diese Bauern waren Analphabeten.
3. Frauen, die Lehrgänge für Kindergärtnerinnen besucht hatten; in der Regel hatten sie zuvor keinerlei formelle Schulbildung genossen und waren fast durchweg des Lesens und Schreibens unkundig.
4. Aktive Kolchosmitglieder und Mitglieder von Jugendgruppen. Diese Personen hatten Kurzlehrgänge besucht, waren Kolchosvorsitzende, Leiter verschiedener Landwirtschaftsbetriebe oder Brigadiere, hatten Erfahrung in der Produktionsplanung, der Arbeitsverteilung und der statistischen Erfassung der Produktion. In der Zusammenarbeit mit anderen Kolchosmitgliedern konnten sie sich einen weiteren Horizont als Einzelbauern aneignen. Doch auch sie hatten die Schule nur kurze Zeit besucht, und viele von ihnen verfügten lediglich über Elementarkenntnisse im Lesen und Schreiben.
5. Studentinnen, die nach zwei- bis dreijähriger Ausbildung in ein Lehrerseminar aufgenommen worden waren. Ihr Bildungsniveau war jedoch noch ziemlich niedrig.

Wir nahmen an, daß nur die letzten drei Gruppen sich dank ihrer Beteiligung an der sozialistischen Wirtschaft derart auf die neuen Formen gesellschaftlicher Beziehungen und die neuen Lebensprinzipien eingestellt hatten, daß eine grundlegende Veränderung in Inhalt und Form ihres Denkens zu erwarten war. Dieser gesellschaftliche Wandel konfrontierte sie mit technischem Wissen, mit Lesen und Schreiben sowie mit anderen Formen der Kultur. Die ersten beiden Gruppen dagegen waren den Bedingungen, die wir für notwendig hielten, um einen fundamentalen psychischen Wandel auszulösen, in einem viel geringeren Maße ausgesetzt. Deshalb erwarteten wir, daß sie überwiegend jene Denkformen zeigten, die aus elementaren, durch die physischen Eigenschaften vertrauter Gegenstände gesteuerten Tätigkeitsformen hervorgehen. Wir vermuteten zudem, daß der Kommunikationsbedarf einer planmäßig betriebenen, kollektivierten Landwirtschaft sich im Denken der Betroffenen niederschlagen würde. Der Vergleich psychischer Prozesse bei Vertretern dieser Gruppen schließlich sollte die Veränderungen und Wandlungen aufzeigen, die durch den kulturellen und sozio-ökonomischen Umbau der Lebensweise verursacht wurden.

Die entsprechenden Forschungsmethoden mußten mehr als direkte Beobachtung umfassen. Wir beabsichtigten, eine sorgfältig ausgearbeitete experimentelle Befragung durchzuführen und den Versuchspersonen spezielle Aufgaben zu stellen. Aber eine solche Untersuchung mußte zwangsläufig auf eine Reihe von Schwierigkeiten stoßen. Wenn wir den Versuchspersonen ungewöhnliche Aufgaben stellten, die in keiner Beziehung zu ihrer herkömmlichen Tätigkeit standen, befürchteten wir, bei ihnen Verwirrung oder Mißtrauen hervorzurufen. Tests in einer solchen Situation würden dann Daten liefern, die die tatsächlichen Fähigkeiten der Befragten verzerren. Wir bemühten uns deshalb um freundschaftliche Beziehungen zu unseren Versuchspersonen, damit die experimentellen Aufgaben natürlich und in keiner Weise bedrohlich wirkten.

In der Regel begannen die Experimente mit langen Gesprächen in der entspannten Atmosphäre eines Teehauses, wo die Dorfbewohner einen großen Teil ihrer Freizeit verbrachten, auf den Feldern oder auf den Bergweiden abends am Feuer. Diese Gespräche wurden oft in Gruppen geführt. Auch wenn wir ein Interview mit einer einzelnen Person durchführten, versammelte der Versuchsleiter eine Gruppe von zwei bis drei Personen, die dem Gespräch aufmerksam lauschten, ab und zu Bemerkungen machten oder die Antworten der Versuchsperson kommentierten. Oft nahm das Gespräch die Form eines freien Meinungsaustausches an; dann konnte ein Problem gleichzeitig von zwei oder drei Versuchspersonen gelöst werden, von denen jede eine eigene Lösung vorschlug. Erst nach und nach begannen die Versuchsleiter, die speziell vorbereiteten Aufgaben vorzustellen. Sie ähnelten «Rätseln», die den Personen bekannt waren, und erschienen so als eine natürliche Fortsetzung der Unterhaltung.

Wenn die Versuchsperson die vorgesehene Aufgabe gelöst hatte, führte der Versuchsleiter mit ihr eine Art «klinisches» Gespräch, um festzustellen, auf welchem Wege sie zur Lösung gekommen war und was sie unter der einen oder der anderen Antwort verstand. Dann begann eine Art Diskussion. Um die Gesprächspartner während der freien Unterhaltung, die in usbekischer Sprache geführt wurde, nicht zu verwirren, übertrug der Versuchsleiter einem Mitarbeiter die Aufgabe, die Ergebnisse aufzuzeichnen. Dieser saß gewöhnlich in der Nähe der

In Samarkand, Usbekistan

Gruppe und versuchte, keinerlei Aufmerksamkeit auf sich zu lenken. Er machte die ganze Zeit Notizen, die er später für die endgültige Fassung überarbeitete. Dieses aufwendige Verfahren kostete jeweils einen halben Tag; anders aber konnten wir unsere Feldexperimente nicht durchführen.

Wir bemühten uns auch, die Aufgaben für die Versuchspersonen so natürlich wie möglich zu formulieren. Deshalb benutzten wir keine standardisierten psychometrischen, sondern speziell entwickelte Tests, mit denen die Menschen einen Sinn verbinden konnten. Es waren stets mehrere Lösungen möglich, von denen jede einen Aspekt der Erkenntnistätigkeit veranschaulichte. Unsere Klassifizierungsaufgaben waren beispielsweise so angelegt, daß sie sich anhand eines funktional-bildlichen Verfahrens lösen ließen, das sich auf das Aussehen oder die Funktionsweise von Gegenständen bezog, aber andererseits auch auf eine abstrakte, kategoriale Weise. Die Befragten konnten ihre Schlüsse ziehen, indem sie sich entweder nur auf ihre eigene Erfahrung stützten oder indem sie eine Information nutzten, die in der Aufgabe enthalten war, die aber die Grenzen ihrer eigenen Erfahrung überschritt.

In die Testreihe wurden auch Lernaufgaben aufgenommen. Wir boten den Versuchspersonen unsere Hilfe bei der Lösung einer schweren Aufgabe an, wobei wir versuchten, ihnen unsere Methoden klarzumachen. Danach baten wir sie, ähnliche Aufgaben zu lösen. So ließ sich feststellen, wie sie neue Problemlösungsverfahren in das vorhandene Repertoire ihrer geistigen Fähigkeiten integrierten.

Auf diese Weise überprüften wir auch unsere Haupthypothese von der sozialen und kulturellen Abhängigkeit der Erkenntnisprozesse. Zuerst studierten wir, wie die Menschen Grundkategorien ihrer visuellen Erfahrung, etwa Farbe und Form, sprachlich kodierten. Danach erforschten wir die Prozesse der Klassifikation und der Abstraktion. Und schließlich untersuchten wir solch komplizierte kognitive Verfahren wie die Lösung logischer Aufgaben und die Selbstanalyse. In jedem dieser Versuchsbereiche konnten wir Veränderungen der Erkenntnistätigkeit feststellen, die dem Wandel der gesellschaftlichen Arbeitsorganisation entsprachen.

Charakteristische Unterschiede ergaben sich aus den Verfahren zur Bezeichnung und Einordnung geometrischer Figuren bei den fünf Versuchspersonengruppen:

Frauen und Bauern aus den entlegenen Kischlaks (Dörfern), die Gruppen 1 und 2 also, gaben diesen Figuren folgende typische Bezeichnungen:

1. ein Teller
2. ein Zelt
3. ein Armband
4. eine Perlenkette
5. ein Spiegel
6. eine Uhr
7. ein Kesselgestell

Versuchspersonen mit elementarer Lese- und Schreibkenntnis, die mit den Kollektivtechniken in der Landwirtschaft vertraut waren (Gruppen 3 und 4), gaben den Figuren zumeist geometrische Bezeichnungen; Frauen aus dem Institut für Lehrerbildung (Gruppe 5) verwendeten gar *ausschließlich* solche Begriffe.

Die Unterschiede in der Benennung der Figuren machten sich auch bei der Klassifikation bemerkbar. Bauern, die sich nicht an gesellschaftlichen Arbeitsformen beteiligten, gruppierten zumeist nach konkreter Ähnlichkeit. Die Figuren 2 und 7 galten deshalb als ähnlich, «weil beide Fensterrahmen sind», 4 und 6 waren Uhren, 1, 3 und 5 dagegen gehörten in keiner Weise zusammen.

Besonders interessierten uns Versuchspersonen, die keine Ähnlichkeit in den Figuren 1 und 3 sehen konnten. Diese Figuren gleichen denen, die Gestaltpsychologen zum Nachweis ihrer sogenannten allgemeinen Wahrnehmungsgesetze heranzogen. Im Rahmen ihrer Experimente mit in der Regel gebildeten Versuchspersonen kamen sie zu dem Schluß, daß solche Figuren normalerweise zu einer Gruppe vereint werden, weil sie «Vertreter» der abstrakten Klasse Kreis sind. Ihre Versuchspersonen ignorierten die «individuellen» Merkmale dieser Figuren und wählten als Basis ihrer Entscheidung die Zugehörigkeit zu einer «geometrischen Klasse». Unsere Bauern konnten diese Ähnlichkeit dagegen nicht erkennen, weil sie die Figuren als Alltagsgegenstände wahrnahmen. «Nein, sie sind sich überhaupt nicht ähnlich», sagte ein Bauer, «weil das erste eine Münze ist, und das zweite ist der Mond.» Versuchspersonen mit elementarer Ausbildung klassifizierten natürlich diese Figuren aufgrund ihrer allgemeinen Merkmale, aber wir konnten dies nicht länger einem «universellen Gesetz der Wahrnehmung» zuschreiben. Die kategoriale Wahrnehmung reflektiert eine historisch gewachsene Methode zur Klassifizierung von Gegenständen. Gebildete Versuchspersonen ordnen Objekte nach ihren «idealen» Eigenschaften, darin kommt jedoch kein natürliches Gesetz der menschlichen Wahrnehmung zum Ausdruck.

Der Mensch unterscheidet bis zu drei Millionen Farbtöne, aber es gibt nur sechzehn oder zwanzig Namen für Farben. Bedeutet dies, daß sich die Wahrnehmung und die Klassifizierung der Farbtöne mit den Namen der Farben verändern? Und welchen Einfluß haben Sprache und praktische Umgangsformen auf diesen Prozeß? Wir erforschten die Wahrnehmung und die Klassifikation von Farben in den fünf Gruppen und kamen zu Ergebnissen, die mit denen unserer Untersuchung zur Wahrnehmung geometrischer Figuren übereinstimmten.

Zunächst forderten wir die Versuchspersonen auf, gefärbte Wollgarndocken zu bezeichnen und zu klassifizieren. Die Ungebildeten, besonders die Frauen, von denen viele ausgezeichnete Weberinnen waren, verwendeten sehr wenige Farbnamen. Statt dessen benutzten sie Namen für ähnlich gefärbte Gegenstände aus ihrer Umgebung. Zum Beispiel nahmen sie für Grünschattierungen die Namen verschiedener Pflanzen: «die Farbe des Grases im Frühling», «die Farbe der Maulbeerblätter im Sommer», «die Farbe junger Erbsen». Wenn man diese Versuchspersonen bat, ähnlich gefärbte Garne zu gruppieren, weigerten sich viele von ihnen, weil jede Garndocke anders aussehe. Andere brachten die Garne in eine fortlaufende Folge von Farbtönen und -schattierungen. Diese Art der isolierenden Wahrnehmung verschwand bei den Versuchspersonen der anderen Gruppen. Sie ließen sich von kategorialen Farbbezeichnungen leiten und gruppierten ähnliche Farben ohne Schwierigkeit.

Die nächste Versuchsreihe betraf die Gegenstandsklassifikation. Anders als unterschiedlich gefärbte Wollgarndocken oder geometrische Figuren lassen sich Gegenstände aus unserer alltäglichen Umgebung nicht leicht nach irgendeinem gemeinsamen physischen Merkmal einordnen. Sie erlauben viele Verfahren der Klassifizierung – und uns interessierte das Wesen dieser Kategorisierung.

Wygotskij hatte verschiedene Kategorientypen festgestellt, die Kinder je nach Altersstufe verwenden. Zunächst bilden Wörter keinen Faktor in der Organisation der kindlichen Erfahrung. Erst auf einer nächsten Stufe beginnt das Kind, Gegenstände in ihren physikalischen Eigenschaften wie Farbe, Form oder Ausdehnung zu vergleichen und zu kategorisieren. Aber während des Vergleichens vergißt das Kind schnell die zugrunde gelegte Eigenschaft und wendet sich einer anderen zu. So verbindet es Gegenstände zu einer Gruppe, ohne über einen einheitlichen Begriff zu verfügen. Die logische Basis solcher Gruppierungen stellt sich oft als ein ganzer Komplex von Merkmalen gemäß einer allgemeinen Situation dar. Ein Beispiel ist die Kategorie «Essen», der das Kind «den Stuhl» zuordnet, auf den man sich setzt, «die Tischdecke», die auf dem Tisch liegt, «das Messer», mit dem Brot geschnitten wird, «den Teller», auf dem das Brot liegt, usw.

Bestimmender Faktor der Klassifikation nach Situationstypen ist nicht irgendein Begriff, sondern eher eine funktional-bildhafte Wahrnehmung der Gegenstände und Gegenstandsbeziehungen, wie sie im realen Leben vorkommen. Wygotskij stellte fest, daß dieses Verfahren typisch für Vor- und Grundschulkinder ist.

Ältere Kinder und besonders Jugendliche verallgemeinern dann Gegenstände nicht mehr aufgrund unmittelbarer Eindrücke. Sie entwickeln ein hierarchisches Begriffsschema, das verschiedene «Stufen der Gemeinsamkeit» von Objekten zum Ausdruck bringt: Die Rose zum Beispiel ist eine Blume, die Blume ist eine Pflanze, die Pflanze ist ein Teil der organischen Welt. In dieser Denkweise bezieht sich der Mensch vor allem auf die «kategorialen» Eigenschaften der Objekte und eben nicht mehr darauf, wie sie in realen Situationen konkret zusammenwirken. Dieses kategoriale Denken spiegelt die gesellschaftliche Erfahrung wider, die im System der Sprache ihren Ausdruck findet. So werden allmählich die funktional-bildhaften Operationen im Denken durch semantische und logische ersetzt, in denen Wörter die wichtigsten Mittel der Abstraktion und der Verallgemeinerung darstellen.

Wir vermuteten, daß die komplexen Formen der Abstraktion und der Verallgemeinerung nur bei Menschen nachweisbar seien, die eine bestimmte schulische Ausbildung erhalten hatten. Da aber die meisten unserer Versuchspersonen nur eine Elementarbildung besaßen oder überhaupt keine Schule besucht hatten, interessierten wir uns für die Prinzipien, von denen *sie* sich beim Gruppieren der Gegenstände ihres täglichen Lebens leiten ließen.

Fast alle Befragten folgten aufmerksam unseren Instruktionen und machten sich bereitwillig an die Arbeit. Aber statt zu versuchen, «ähnliche Gegenstände» zu sortieren, begannen sie in der Regel, Gegenstände zusammenzubringen, die «einem bestimmten Zweck dienten». Mit anderen Worten, sie ersetzten die theoretische Aufgabe durch eine praktische und bewerteten jedes Objekt für sich: Dieser Gegenstand eigne sich für diese Arbeit, jener Gegenstand für jene. Sie sahen keinen Grund, alles miteinander zu vergleichen und kategorial einzuteilen. So gruppierte jede Versuchsperson die Objekte auf ihre eigene Weise – je nach der Situation, die sie vor Augen hatte – und hielt an der einmal getroffenen Entscheidung beharrlich fest. Wenn wir versuchten, eine andere Lösung vorzuschlagen, die auf abstrakten Prinzipien basierte, so lehnte sie diese zumeist ab, weil sie ihrer Auffassung nach den inneren Beziehungen der Gegenstände nicht gerecht wurde und weil ein Mensch, der Gegenstände so gruppiere, einfach «dumm» sei. Nur in seltenen Fällen räumte jemand die Möglichkeit eines solchen Klassifikationsverfahrens ein, aber auch dann eher unwillig und von seiner Bedeutungslosigkeit überzeugt. Was zählte, waren allein Klassifikationen, die auf praktischer Erfahrung beruhten. Das folgende Beispiel veranschaulicht den Typus von Argumentationen, mit denen wir es zu tun hatten.

Rachmat, einem einunddreißigjährigen analphabetischen Bauern aus einer entlegenen Gegend, werden Abbildungen von Hammer, Säge, Holzscheit und Axt vorgelegt. Er soll die Frage beantworten, welcher Gegenstand nicht in die Gruppe paßt.

«Sie gehören alle zusammen», sagt er. «Wenn man etwas sägen will, braucht man eine Säge, und wenn man etwas in Stücke hauen will, dann braucht man eine Axt. Und so gehören alle hierher.»

Wir versuchen, die Aufgabe zu erklären, und geben ein weiteres Beispiel: «Sie sehen drei Erwachsene und ein Kind. Das Kind gehört natürlich nicht zu dieser Gruppe.»

Rachmat antwortet: «Doch, der Junge soll bei den anderen bleiben! Alle drei arbeiten, und wenn sie ständig irgendwelche Sachen holen müssen, dann werden sie mit ihrer Arbeit nie fertig, aber der Junge kann sie holen. Der Junge wird das schnell lernen, und dann werden sie zusammen gut arbeiten können.»

Darauf wir: «Da haben Sie drei Räder und eine Zange. Natürlich sind sich Räder und Zange überhaupt nicht ähnlich, oder?»

«Doch, sie gehören alle zusammen. Ich weiß, daß die Räder der Zange nicht ähneln, aber die Zange wird gebraucht, wenn man an einem Rad etwas festmachen muß. Mit Zangen kann man Eisen bearbeiten, und das ist schwer, wissen Sie.»

«Dennoch kann man Räder und Zange nicht mit ein und demselben Wort bezeichnen.»

«Natürlich nicht.»

Wir kehren zur ursprünglichen Gruppe von Hammer, Säge, Holzscheit und Axt zurück. «Welche dieser Gegenstände lassen sich mit einem Wort bezeichnen?»

«Wie denn? Wenn wir alle diese Dinge mit dem Wort ‹Axt› bezeichnen, dann ist das falsch.»

«Aber jemand hat drei Gegenstände ausgewählt und gesagt, sie gehören zusammen: Hammer, Säge und Axt.»

«Säge, Hammer und Axt sind bei der Arbeit nötig, aber das Holzscheit gehört auch dazu!»

«Was meinen Sie, warum hat er diese drei Gegenstände und nicht das Holzscheit gewählt?»

«Vielleicht hat er genug Holz, aber wenn wir kein Holz haben, kriegen wir nichts zustande.»

«Richtig, aber sind nicht Hammer, Säge und Axt Werkzeuge?»

«Das stimmt. Aber auch wenn wir Werkzeuge haben, brauchen wir Holz. Sonst können wir nichts bauen.»

Dann zeigen wir ihm Zeichnungen von einem Vogel, einer Jagdbüchse, einem Dolch und einer Kugel.

«Die Schwalbe gehört nicht dazu ... aber halt, die Büchse ist mit einer Kugel geladen, und damit kann man die Schwalbe töten. Dann kann man den Vogel mit dem Dolch ausnehmen, anders geht's nicht. Was ich eben über die Schwalbe gesagt habe, stimmt nicht. All diese Dinge gehören zusammen.»

«Aber das sind doch Waffen. Und die Schwalbe?»

«Die ist keine Waffe.»

«Dann heißt das, daß diese drei Gegenstände zusammengehören, und die Schwalbe gehört nicht dazu?»

«Nein, der Vogel soll auch dabei sein. Sonst gibt es nichts, auf das man schießen kann.»

Schließlich zeigen wir ihm Zeichnungen eines Trinkglases, einer Bratpfanne, einer Brille und einer Flasche.

«Diese drei gehören zueinander, aber ich weiß nicht, warum Sie die Brille hierhergelegt haben. Doch, entschuldigen Sie, sie paßt auch dazu.

Sieht ein Mensch schlecht, dann muß er eine Brille tragen, wenn er essen will.»

«Aber jemand sagt, eins dieser Dinge gehört nicht dazu.»

«Kann sein, daß er so denkt. Aber ich sage, daß sie alle zusammengehören. In einem Trinkglas kann man nichts kochen – man muß etwas hineinfüllen. Für die Zubereitung von Speisen braucht man eine Pfanne; und um besser sehen zu können, braucht man eine Brille. Wir brauchen alle vier Dinge, und deshalb hat man sie zusammen hingelegt.»

Diese Tendenz, sich auf die praktische Lebenstätigkeit zu stützen, überwog bei den Analphabeten und bei den Versuchspersonen ohne Schulbildung. Wer bereits über elementare schulische Kenntnisse verfügte oder die Kurzlehrgänge besucht hatte, zeigte eine Mischung aus praktischen und theoretischen Verallgemeinerungsverfahren. Die kategoriale Klassifikation als Hauptverfahren zur Gruppierung von Gegenständen wurde von Personen mit abgeschlossener Schulbildung verwendet. Letztere antworteten auf die Frage, welche drei der folgenden Gegenstände – Trinkglas, Bratpfanne, Brille und Flasche – ein gemeinsames Merkmal aufweisen, ohne zu zögern: «Das Glas, die Brille und die Flasche. Sie sind aus Glas, und die Bratpfanne ist aus Metall.»

Die Ergebnisse dieser Versuche ließen folgenden Schluß zu: Die primäre Funktion der Sprache verändert sich mit steigendem Bildungsniveau. Wenn Menschen die Vorstellung einer konkreten Situation zur Gruppierung von Gegenständen verwenden, benutzen sie die Sprache nur, um sich an die Gegenstände zu erinnern und die Situationselemente zusammenzubringen. Es geht nicht darum, Verallgemeinerungen oder kategoriale Beziehungen zu ermitteln. Das führte uns zu der Frage, ob abstrakte Termini wie «Werkzeug», «Gefäß» oder «Tier» für ungebildete Menschen eine konkretere Bedeutung besitzen als für besser ausgebildete. Die Antwort auf diese Frage fiel positiv aus.

Wir zeigen zum Beispiel drei Versuchspersonen Zeichnungen von einem Hammer, einer Säge und einer Axt und fragen:

«Meinen Sie, daß diese Dinge Werkzeuge sind?»

Alle drei bestätigen: «Ja, es sind Werkzeuge.»

«Und wie steht es mit dem Holzscheit?»

1: «Es gehört auch dazu. Wir machen aus Holz verschiedene Gegenstände – Türen, Griffe für Werkzeuge.»

2: «Man kann sagen, das Holzscheit ist ein Werkzeug, weil man es zusammen mit Werkzeugen verwendet, um Sachen anzufertigen. Holzstücke werden zu Werkzeugen verarbeitet.»

«Aber», entgegnen wir, «jemand sagte, das Holzscheit sei kein Werkzeug, weil man damit weder sägen noch etwas zerkleinern kann.»

3: «Wahrscheinlich hat Ihnen das irgendein Verrückter gesagt. Das Holz braucht man für Werkzeuge, und zusammen mit Eisen kann es auch schneiden.»

«Aber ich kann das Holzscheit doch nicht als Werkzeug bezeichnen?»

3: «Doch: Aus Holz kann man Griffe machen.»

«Und Sie würden wirklich sagen, das Holz ist ein Werkzeug?»

2: «Natürlich! Daraus macht man Stiele, Griffe. Wir bezeichnen alle Dinge, die wir brauchen, als Werkzeuge.»

«Nennen Sie so viele Werkzeuge, wie Sie können.»

3: «Die Axt, das Fuhrwerk und der Baum – daran binden wir das Pferd fest, wenn es in der Nähe keinen Pfahl gibt. Wenn wir so ein Brett nicht hätten [zeigt es], könnten wir in diesem Bewässerungsgraben kein Wasser stauen, und darum ist dieses Brett auch ein Werkzeug; und der Baum, aus dem eine Schultafel hergestellt wird, ist auch ein Werkzeug.»

«Nennen Sie alle Werkzeuge, mit denen man bestimmte Sachen anfertigen kann.»

1: «Wir haben ein Sprichwort: Wenn du aufs Feld blickst, siehst du Werkzeuge.»

3: «Axt, Beil, Säge, Joch, Pferdegeschirr und der Gurt, den man für den Sattel braucht.»

Diese Antworten sind typisch für die Gruppe der Analphabeten: Zunächst nannten die Befragten Gegenstände, die tatsächlich zur entsprechenden Kategorie gehörten. Doch bald erweiterten sie den Rahmen um Dinge, die mit der Situation, in der die erstgenannten gebraucht werden, in irgendeiner Verbindung stehen. Wörter hatten für diese Menschen eine Funktion, die sich grundlegend von der unterschied, die ihnen Leute mit Schulbildung zuweisen. Sie brauchten sie nicht zur begrifflichen Einordnung von Gegenständen, sondern um die praktischen Beziehungen der Dinge zu markieren.

Versuchspersonen dagegen, die über elementare Schulbildung verfügten und sich an kollektiven Formen der Arbeit beteiligten, gingen problemlos zum abstrakten Denken über. Neue gesellschaftliche Erfahrungen, neue Ideen und Bildung verändern die Beziehung des Menschen zur Sprache: Wörter werden zum Hauptinstrument der Abstraktion und Verallgemeinerung – zwei Fähigkeiten, die sich daher keineswegs als unveränderliche Standardkategorien jeder menschlichen Entwicklung bestimmen lassen. Sie sind vielmehr selbst Ergebnis des jeweils erreichten kulturellen Niveaus.

Wir vermuteten weiter: Menschen, die die Fähigkeit besitzen, Gegenstände nach ihren wesentlichen Merkmalen zu kategorisieren, würden auch besser zu komplexerem logischem Denken imstande sein. Wer dagegen in seinen Denkleistungen von der unmittelbaren praktischen Erfahrung abhängt, dürfte nicht dazu fähig sein, sich neue Kenntnisse auf verbal-logischem Weg anzueignen.

Die Annahme, daß allgemeine theoretische Begriffe praktischen Erkenntnissen übergeordnet sind, erlaubt weitere Schlüsse: Der theoretische Gedanke wird in seiner Entwicklung zunehmend komplexer. So werden Wörter zu kategorialen Konzepten und Sätze durch ihre logische und grammatische Struktur zur Basis von Urteilen. Darüber hinaus aber kommt es zu noch komplizierteren verbalen, logischen «Verfahren» der Deduktion und Schlußfolgerung, die nicht auf unmittelbare Erfahrungen angewiesen sind.

Eines dieser Verfahren ist der Syllogismus. Zwei Prämissen, von denen die erste eine allgemeinere und die zweite eine konkretere Aussage enthält, bilden den Ober- und den Untersatz des Syllogismus. Ausgebildete Erwachsene nehmen diese Prämissen nicht als zwei getrennte Sätze, sondern als logische Verbindung wahr, mit deren Hilfe sie zu einem Schluß gelangen. Ich kann beispielsweise sagen: «Edelmetalle rosten nicht. Gold ist ein Edelmetall.» Der Schluß «Gold rostet nicht» ist so offenkundig, daß viele Psychologen geneigt waren, derartige Operationen zu Grundeigenschaften des menschlichen Bewußtseins zu erklären.

Die Vertreter der Würzburger Schule sprachen in diesem Sinne von «logischen Empfindungen» und vermuteten, daß sie seit den frühesten Anfängen der Menschheitsgeschichte existierten. Piaget, der die Entwicklung der intellektuellen Tätigkeit bei Kindern erforschte, äußerte Zweifel an dieser Ansicht. Als wir unsere Forschungen durchführten, hatte jedoch noch niemand wirklich festzustellen versucht, ob solche logischen Schemata in den verschiedenen Stadien der gesellschaftlichen Entwicklung unveränderlich bleiben oder nicht. Deshalb beschlossen wir, unsere Versuchspersonen mit syllogistischen Schlußfolgerungen zu konfrontieren.

Wir hatten die Befürchtung, daß die Befragten die Prämissen nicht als Teile einer einheitlichen Aufgabe wahrnehmen, sie vergessen oder entstellen und dann ihre Urteile nicht aus den entsprechenden Angaben ableiten würden. Um das zu verhindern, gaben wir zuerst den Obersatz, dann den Untersatz vor und baten die Versuchspersonen, beide zu wiederholen. Erst wenn das gelungen war, baten wir sie, den passenden Schluß aus den beiden Prämissen zu ziehen.

Eine der ersten Tatsachen, die wir feststellten, war, daß die Versuchspersonen ohne Schulbildung keine logische Verbindung zwischen den Teilen des Syllogismus erkannten. Für sie stellte jeder der drei Sätze ein isoliertes Urteil dar. Schon beim Wiederholen gaben sie die einzelnen Sätze unverbunden wieder, indem sie oft ihre Form vereinfachten oder abänderten. In vielen Fällen verloren die Sätze faktisch ihren Charakter als Syllogismus.

Die Ergebnisse zeigten, daß die weitere Arbeit mit Syllogismen eine bessere Vorbereitung unserer Versuchspersonen erforderte. Sie sollten sowohl die universelle Natur der Prämissen und deren logische Verbindung zu erkennen lernen wie auch die Hauptaufgabe, einen Schluß zu ziehen. Zunächst präsentierten wir deshalb Syllogismen, deren Inhalt der praktischen Erfahrung der Versuchspersonen entstammte.

> Baumwolle kann nur dort wachsen, wo es heiß und trocken ist.
> In England ist es kalt und feucht.
> Kann dort Baumwolle wachsen?

Der zweite Typ von Syllogismen bezog sich auf Umstände, die den Versuchspersonen unbekannt waren, so daß sie rein theoretische Schlüsse ziehen mußten.

> Im hohen Norden, wo Schnee liegt, sind die Bären weiß.
> Die Insel Nowaja Semlja liegt im hohen Norden, und dort ist immer Schnee.
> Welche Farbe haben dort die Bären?

Menschen aus besonders rückständigen Regionen verweigerten jegliche Art von Schlußfolgerungen, auch bei Syllogismen des ersten Typs. Sie erklärten, daß sie niemals an einem solch ungewöhnlichen Ort gewesen seien und nicht wissen könnten, ob dort Baumwolle wachse oder nicht. Erst nach langen Erläuterungen gelang es uns, sie zu bewegen, von der Basis der Wörter selbst auszugehen. Eher widerwillig zogen sie eine Schlußfolgerung wie: «Aus Ihren Worten ergibt sich, daß dort keine Baumwolle wachsen kann, weil es dort kalt und feucht ist. Wenn es kalt und feucht ist, wächst Baumwolle nicht.»

Diese Befragten sperrten sich jedoch hartnäckig dagegen, Schlußfolgerungen aus Syllogismen des zweiten Typs zu ziehen. In der Regel verweigerten sie sogar die Annahme des Obersatzes, indem sie erklärten: «Ich bin niemals im Norden gewesen und habe niemals Bären gesehen.» Einer sagte: «Wenn Sie eine Antwort auf diese Frage wollen, dann fragen Sie doch Menschen, die dort gewesen sind und die Bären gesehen haben.» Oft ignorierten sie die Prämisse und ersetzten sie durch eigene Informationen, indem sie sagten: «Es gibt verschiedene Arten von Bären. Wenn einer rot zur Welt kam, dann bleibt er es auch.» Kurz gesagt, sie versuchten, der Lösung der Aufgabe auszuweichen.

Das folgende Gespräch führten wir mit einem siebenunddreißigjährigen Analphabeten aus einem kaschgarischen Dorf. Vorgegeben wird ihm der Syllogismus: «Baumwolle kann nur dort wachsen, wo es heiß und trokken ist. In England ist es kalt und feucht. Kann dort Baumwolle wachsen?»

«Ich weiß nicht.»

«Denken Sie mal darüber nach.»

«Ich kenne nur unsere Gegend von Kaschgarien. Mehr kenne ich nicht.»

«Aber was ergibt sich aus dem, was ich gesagt habe: Kann dort Baumwolle wachsen?»

«Wenn der Boden gut ist, dann wächst dort Baumwolle, aber wenn er feucht und schlecht ist, dann nicht. Wenn er dort so gut ist wie bei uns in der Gegend, dann wächst sie. Natürlich, wenn der Boden dort locker ist, dann wird sie auch dort wachsen.»

Danach wird der Syllogismus wiederholt.

«Was können Sie aus meinen Worten folgern?»

«Wenn es dort kalt ist, dann wächst sie nicht. Wenn der Boden gut und locker ist, wächst sie.»

«Aber was folgt aus meinen Worten?»

Kara-Kirgisen. *Unten:* Die herunterhängenden Turbanenden sind das Zeichen der Analphabeten.

«Sehen Sie, wir sind Moslems, das ungebildete Volk der Kaschgaren. Wir sind noch nirgends gewesen, und wir wissen nicht, ob es dort heiß oder kalt ist.»

Wir geben einen anderen Syllogismus vor: «Im hohen Norden, wo Schnee liegt, sind alle Bären weiß. Die Insel Nowaja Semlja liegt im Hohen Norden, und dort ist immer Schnee. Welche Farbe haben dort die Bären?»

«Es gibt verschiedene Bären.»

Der Syllogismus wird wiederholt.

«Ich weiß nicht. Ich habe mal einen schwarzen Bären gesehen, andere noch nicht. Jede Gegend hat ihre eigenen Tiere. Wenn die Gegend weiß ist, sind sie weiß, und wenn sie gelb ist, dann werden sie gelb sein.»

«Und welche Farbe haben die Bären auf Nowaja Semlja?»

«Wir reden immer nur darüber, was wir gesehen haben. Über Dinge, die wir nicht gesehen haben, sprechen wir nicht.»

«Aber was folgt aus meinen Worten?»

Der Syllogismus wird erneut wiederholt.

«Die Sache ist so: Euer Zar ist unserem Zaren nicht ähnlich und unser Zar nicht dem euren. Auf Ihre Worte kann nur jemand antworten, der das gesehen hat. Wer es nicht gesehen hat, kann dazu nichts sagen.»

«Aber aus meinen Worten: ‹Im Norden, wo immer Schnee liegt, sind die Bären weiß› kann man schließen, daß es auf Nowaja Semlja was für Bären gibt...»

«Wenn ein Mensch sechzig oder achtzig Jahre alt ist, und er hat einen weißen Bären gesehen und sagt es, dann kann man ihm glauben. Aber ich habe noch keinen gesehen und kann deshalb nichts dazu sagen. Das ist mein letztes Wort. Wer es gesehen hat, der sagt es, wer nichts gesehen hat, kann nichts sagen.»

In diesem Augenblick mischt sich ein junger Usbeke in das Gespräch ein: «Aus Ihren Worten geht hervor, daß die Bären dort weiß sind.»

«Wer von euch hat nun recht?»

Die erste Versuchsperson antwortet: «Was der Hahn kann, das tut er. Was ich weiß, das sage ich, und nichts anderes.»

Diese und andere Personen gaben vollkommen richtige Urteile über Tatsachen ab, die sie aus Erfahrung kannten. Sie konnten dann Schlüsse nach den Gesetzen der Logik ziehen und ihre Gedanken in Worte kleiden. Sobald es aber um theoretisches Denken ging, wurden ihre Möglichkeiten durch drei Faktoren scharf begrenzt. Der erste war Mißtrauen gegenüber den Prämissen, die nicht auf ihrer persönlichen Erfahrung beruhten. Der zweite Faktor war, daß sie diese Prämissen nicht als universell gültig anerkannten. Sie nahmen sie als partielle Behauptungen auf, die nur einen Einzelfall betrafen. Drittens schließlich zerfiel der Syllogismus für sie in drei isolierte Äußerungen, die durch keine einheitliche Logik verbunden waren, so daß die Lösung nur erraten oder mit Hilfe persönlicher Erfahrungen gefunden werden konnte. Die analphabetischen Bauern konnten den Syllogismus nicht als Verfahren wahrnehmen, das logische Schlüsse zu ziehen erlaubt.

Wie immer änderte sich das Bild völlig bei Versuchspersonen mit Schulbildung. Aus jedem Syllogismus zogen sie die richtige Schlußfolgerung, unabhängig davon, ob die Prämissen faktisch richtig waren und ob sie ihrer unmittelbaren Erfahrung entstammten oder nicht.

Dies waren nur drei Arten von Experimenten, die wir während der beiden Expeditionen nach Mittelasien durchgeführt haben. Darüber hinaus analysierten wir Argumentations- und Phantasieleistungen, aber auch unsere eigene Persönlichkeit. Dies bezeichneten wir als «anticartesische Experimente», weil wir fanden, kritisches Verhalten gegenüber der eigenen Person sei Resultat der gesellschaftlich determinierten psychischen Entwicklung und nicht ihr Ausgangspunkt, wie Descartes meinte. Das Ergebnis war im Grundmuster stets das gleiche: Veränderungen der praktischen Tätigkeitsformen, besonders durch Schulbildung, riefen qualitative Veränderungen in den Denkprozessen der Menschen hervor. Außerdem stellten wir fest, daß sich eine Neuorganisation des Denkens in relativ kurzer Zeit vollziehen kann, wenn sich die geschichtlichen Verhältnisse drastisch verändern.

Die geistige Entwicklung von Zwillingen

Die Idee zur Erforschung eineiiger und zweieiiger Zwillinge mit dem Ziel, die Rolle zu bestimmen, die Vererbung und Umwelt in der Entwicklung des Kindes spielen, stammt nicht von uns. Als wir in den dreißiger Jahren diese Arbeit in Angriff nahmen, waren wir mit den Studien von K. J. Holzinger, C. Burt und anderen vertraut.

Die einfachsten vergleichenden Untersuchungen von Zwillingen beziehen sich stets auf Kinder, die zu Hause aufgewachsen sind; ihr gesellschaftliches Umfeld ist damit mehr oder weniger gleich. Bekannt ist weiter, daß die biologische Ähnlichkeit von Zwillingen davon abhängt, ob sie eineiig oder zweieiig sind. Bei gleichen äußeren Einflüssen steht daher zu erwarten, daß die intellektuellen Fähigkeiten eineiiger Zwillinge gleich sind; bei zweieiigen Zwillingen müßten dagegen wegen der Ungleichartigkeit des genetischen Programms Unterschiede vorliegen. Zwar fanden sich in der Literatur auch Hinweise auf vergleichende Forschungen über Zwillinge, die kurz nach der Geburt getrennt worden waren. Aber derartige Studien waren wegen der zahlreichen unbekannten Faktoren, die mit der unterschiedlichen Umwelt dieser Kinder zusammenhängen, nicht einfach zu bewerten.

Anfang der dreißiger Jahre ergab sich im Zuge der genetischen Forschungen im Moskauer Institut für Medizinische Genetik eine günstige Situation zur Untersuchung solcher Fragen. Man schlug uns vor, ein Forschungsprogramm am Institut zu erarbeiten, das über hervorragende räumliche Bedingungen, ein gutes Ausbildungsprogramm und praktisch ungehinderten Zugang zu allen in der Sowjetunion lebenden Zwillingen verfügte.

Wir legten dieser Arbeit unsere eigenen theoretischen Fragestellungen zugrunde. Das Konzept der Bedeutung unterschiedlicher gesellschaftlicher und biologischer Faktoren in der psychischen Entwicklung von Zwillingen war klar. Wir meinten aber, daß die bisherigen Forschun-

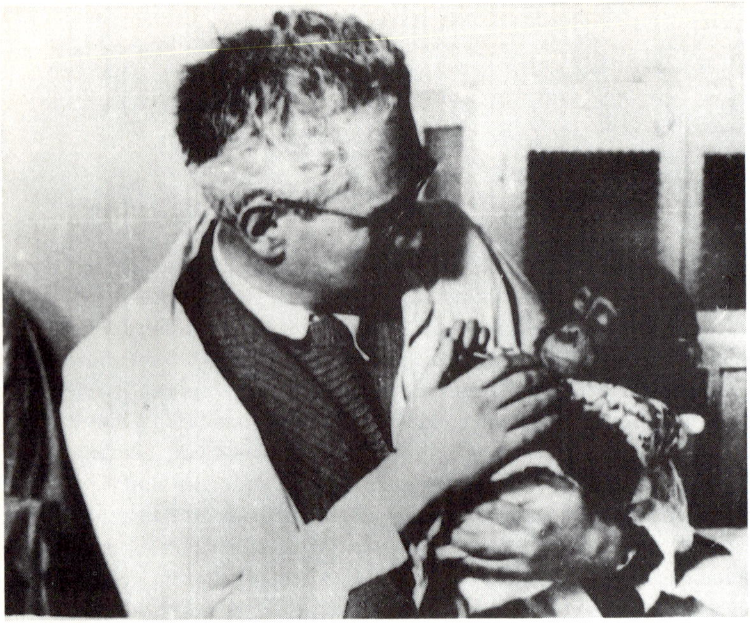

Lurija, Mitte der dreißiger Jahre

gen zu diesem Gebiet an der begrenzten Anzahl von Versuchspersonen genauso krankten wie an der Schwäche der Kriterien, die zur Bewertung verwendet worden waren. Insbesondere mißfielen uns die standardisierten IQ-Tests. Für die Voraussage schulischer Leistungen konstruiert, schienen sie uns damals – und das gilt auch heute noch – ungeeignet zur Erfassung des Aufbaus höherer psychischer Funktionen.

Ausgehend von den zahlreichen Vorstudien Ende der zwanziger Jahre erarbeiteten wir einen umfassenderen Untersuchungsansatz: Die natürlichen und die kulturellen Prozesse speisen sich nicht nur aus verschiedenen Quellen, sondern verändern auch ihre Wirkungsweise im Laufe der Entwicklung des Kindes. Mit dem Wachstum entwickeln sich die natürlichen Prozesse hauptsächlich *quantitativ*: Muskeln, Gehirn und Gliedmaßen werden größer. Analog steigt auch die Leistungsfähigkeit der geistigen Prozesse, ohne sich jedoch im Prinzip zu ändern.

Die kulturellen Prozesse führen dagegen zu *qualitativen* Veränderungen. Am Beispiel des Gedächtnisses zeigt sich, daß nicht allein die Fähigkeit zum Speichern und Abrufen von Informationen zunimmt. Unter dem wachsenden Einfluß der gesellschaftlichen Umgebung verändern sich vielmehr die Grundlagen selbst, auf denen diese Vorgänge beruhen. Anstelle des selbstverständlichen Aufnehmens von Eindrücken und der unwillkürlichen Erinnerung an sie tritt der Erwerb «geistiger Werkzeuge» zur bewußten Organisation und Steuerung des Gedächtnisses.

Wir unterstellten, daß sich die angeborenen Faktoren der intellektuellen Tätigkeit stärker bei natürlichen Erkenntnisprozessen ausprägen als bei Aufgaben, deren Lösung von Fertigkeiten abhängt, die erlernt werden müssen. Bei kleinen Kindern also, für die der kulturelle Einfluß noch eine untergeordnete Rolle spielt, müßten eineiige Zwillinge ähnliche Resultate erzielen. In dem Maße jedoch, in dem kulturell bestimmte Informationen größere Bedeutung erlangen, üben gesellschaftliche Faktoren einen stärkeren Einfluß auf die psychischen Prozesse aus als der Genotyp. Ein gleiches Umfeld müßte daher bei älteren Kindern zu ähnlichen Ergebnissen beim Lösen von Aufgaben führen, die kulturell vermittelte Fertigkeiten erfordern – auch wenn die Kinder genetisch unterschiedlich sind.

Unser Ansatz erforderte das Formulieren von Aufgaben, die die natürlichen und die kulturellen Faktoren in unterschiedlichem Maße ansprachen. Darüber hinaus wollten wir Zwillinge in einem Alter untersuchen, in dem die natürlichen Entwicklungsfaktoren dominieren (fünf bis sieben Jahre), aber auch später, wenn kulturelle überwiegen (elf bis dreizehn Jahre). Schließlich brauchten wir ein Verfahren, verschiedene genetische Faktoren bei konstantem Einfluß der Umgebung zu studieren. Die vergleichende Untersuchung von eineiigen und zweieiigen Zwillingen erschien uns als die ideale Methode zur Erforschung dieser Probleme. In beiden Altersgruppen untersuchten wir ungefähr fünfzig Zwillingspaare, die je zur Hälfte eineiig und zweieiig waren.

In der ersten Versuchsreihe gaben wir den Kindern Merkaufgaben, die Leontjew in seinen Forschungen zur Entwicklung des Gedächtnisses genauestens studiert hatte. Wir zeigten neun geometrische Figuren und baten die Kinder dann, diese in einer Reihe von insgesamt 34 Figuren wiederzuerkennen. In der erforderlichen visuellen Identifizierungsleistung sahen wir ein gutes Beispiel für natürliche Gedächtnisprozesse.

Bei der nächsten Aufgabe wurden jedem Kind fünfzehn schwer einprägbare Wörter einzeln vorgegeben, die es sich merken sollte. Dieses Problem konnte sowohl durch einfaches, unmittelbares Einprägen als auch durch Verwendung komplizierter vermittelter Prozesse bewältigt werden. Das Kind konnte sich zum Beispiel ein Wort ausdenken, das ihm half, sich an eines der dargebotenen Wörter zu erinnern, oder es konnte sich ein Bild vorstellen, das auf das entsprechende Wort verwies. In diesem Zusammenhang würden sowohl die natürlichen als auch die kulturellen Faktoren eine Rolle spielen. Aber die Schwierigkeit der Aufgabe ließ vermuten, daß außer bei den ältesten, am weitesten entwickelten Kinder die natürlichen Prozesse dominierten.

In der dritten Aufgabe forderten wir jedes Kind auf, sich eine weitere Reihe von fünfzehn Wörtern zu merken. Bei jedem Wort zeigten wir ein Bild als Hilfssymbol, das sich jedoch nicht direkt auf das Wort bezog. Das Kind mußte also selbst zwischen beiden eine Beziehung herstellen, um die Erinnerungshilfe zu nutzen. Wie im zweiten Versuch präsentierten wir die Wörter und die damit verbundenen Bilder mehrmals. Wenn das Kind sich alles gemerkt hatte, zeigten wir nur noch die Bilder und forderten es auf, die entsprechenden Wörter zu nennen.

Eine rein *quantitative* Analyse der Daten hätte die strukturellen Veränderungen kaum erfassen können; gezeigt hätten sich die üblichen altersbedingten Verbesserungen der Merkfähigkeit. Doch die *qualitative* Analyse der gewonnenen Daten führte zu wichtigen Erkenntnissen.

Wir stellten nämlich fest, daß die Struktur des visuellen Einprägens geometrischer Figuren in der Gruppe der älteren und in der der jüngeren Kinder gleich war. Fast kein Kind verwendete irgendwelche logischen Operationen. Die dritte Aufgabe dagegen zeigte ganz andere Resultate. Die meisten jüngeren Kinder prägten sich die Wörter ebenso unmittelbar ein wie bei den ersten beiden Aufgaben. Sie waren nicht in der Lage, Hilfsstimuli zur Herstellung einer logischen Beziehung zwischen Bildern und Wörtern zu verwenden, und konnten über die Verbindung zwischen Wort und Bild nichts aussagen. Wenn wir sie fragten, wie sie sich das Wort gemerkt hatten, antworteten sie in der Regel: «Ich habe es mir eben gemerkt.» Und selbst wenn sie eine Verbindung herstellten, war diese nicht logischer Natur; vielmehr versuchten sie, das Wort auf dem Bild zu «sehen». So erinnerte sich ein Kind an das Wort «Sonne», nachdem wir ihm das Bild einer Axt gezeigt hatten. Als wir fragten, wie es sich dieses Wort gemerkt hatte, zeigte es auf einen kleinen gelben Fleck auf der Axt und sagte: «Da ist die Sonne.» In beiden Fällen also ließen sich die natürlichen Faktoren beim Einprägen als vorherrschend analysieren.

Bei den älteren Kindern veränderte sich der Prozeß des Einprägens grundlegend, indem die Verbindung zwischen Wort und Bild zunehmend auf logischen Verfahren beruhte. Diese Kinder schufen Bezüge wie: «Ein Mann arbeitet mit der Axt an einem sonnigen Tag» oder «Wir arbeiten mit der Axt, und die Funken blitzen in der Sonne.»

Auf diese Weise brachten unsere Aufgaben wie erwartet sowohl Formen des vermittelten Einprägens als auch Formen direkten, unvermittelten Einprägens hervor. Unsere nächste Aufgabe bestand nun darin zu klären, ob und inwiefern die «natürliche» Form des Einprägens von der genetischen Ausstattung des Kindes und die «kulturelle Form» von Einflüssen des sozialen Umfelds abhängen.

Wir folgten der Hypothese, daß die genetisch determinierten, natürlichen Formen des Einprägens bei eineiigen Zwillingen ähnlicher sein müßten als bei zweieiigen, auch wenn die Umweltbedingungen gleich sind. In einem Test D mußten also die Unterschiede zwischen eineiigen Zwillingen (D_e) bei natürlichen Prozessen deutlich geringer ausfallen als zwischen zweieiigen (D_z). Für kulturelle Prozesse durften sich dagegen keine auffälligen Unterschiede ergeben.

Wir kamen zu folgenden Ergebnissen:

Alter	Aufgabe: «natürliches» Einprägen (Erkennen geometrischer Figuren)	Aufgabe: vermitteltes Einprägen (Wörter und Bilder)
	D_z D_e	D_z D_e
5–7 Jahre	18,0 > 5,4	4,4 > 1,9
11–13 Jahre	14,0 > 5,6	1,2 = 1,5

Diese Resultate entsprachen ziemlich genau unseren Erwartungen. Beim Lösen der Aufgaben, in denen das natürliche Einprägen dominierte, lieferten die eineiigen Zwillinge bedeutend ähnlichere Ergebnisse als die zweieiigen, und zwar in beiden Altersstufen. Beim Lösen der vermittelten Aufgabe ergab sich ein ähnliches, allerdings weniger drastisches Verhältnis für Kinder im jüngeren Alter; bei den älteren Kindern dagegen fielen D_e und D_z fast gleich aus. Das stimmte mit unserer Annahme überein, daß ältere Kinder beim Lösen dieser Aufgabe auf kulturelle Formen des Einprägens zurückgreifen. Ein Artikel über diese Forschungen wurde 1936 in der amerikanischen Zeitschrift *Character and Personality* veröffentlicht.*

Viele Psychologen haben sich für Zwillinge interessiert, um den Einfluß gesellschaftlicher und genetischer Faktoren auf die Entwicklung zu untersuchen. Eben das taten auch wir. Aber die Zwillingsforschung ist auch über dieses Problem hinaus wichtig. Eineiige Zwillinge leben gewöhnlich länger gemeinsam in ähnlichen Familienverhältnissen als andere Geschwister, weil sie gleichaltrig sind und ihre äußere Ähnlichkeit die Erwachsenen veranlaßt, sie gleich zu behandeln. Sie stellen deshalb ein interessantes Modell zur Erforschung der Auswirkungen gesellschaftlicher Einflüsse dar. Psychologen, die sich die außergewöhnliche Stabilität der Umgebung zunutze machen, können gezielt soziale Veränderungen vornehmen und die Effekte studieren.

W. N. Kolbanowskij, A. N. Mirenowa und ich erarbeiteten daher eine zweite Testserie mit Lernspielen, die die kindliche Konstruktionsfähigkeit fördern sollten. Solche Spiele waren schon in der Vorschule weit verbreitet. In der Regel ging es um Bausteine verschiedener Form, mit denen das Kind die verschiedensten Objekte erstellen sollte. Das ist nicht nur unterhaltsam, sondern fördert auch die Entwicklung der kindlichen Phantasie und der elementaren psychischen Prozesse wie das Unterscheiden von Formen und das visuelle Urteilen.

Gewöhnlich arbeiteten Erzieher nach zwei Verfahren, um Kinder zur Konstruktionstätigkeit zu motivieren. Das erste bestand darin, Zeichnungen, auf denen alle notwendigen Elemente abgebildet waren, Baustein für Baustein nachbilden zu lassen. Das Kind sollte lernen, sich konkrete Ziele zu setzen, sich auf eine Aufgabe zu konzentrieren, den Charakter eines Modells zu analysieren und dessen Bestandteile zu unterscheiden. Dabei war, wie wir feststellten, das Bauen nach einem vorgefertigten Muster oft so langweilig, daß die Erzieher die Kinder ständig animieren mußten, ihren Bau zu vollenden. Darum arbeiteten viele Erzieher nach dem zweiten Verfahren und erlaubten den Vorschulkindern, mit den Bausteinen frei zu spielen; sie ließen sie also bauen, was sie wollten. Diese Methode kann natürlich in einem gewissen Maß zur Entwicklung der schöpferischen Phantasie beitragen, aber wir bezweifelten, ob sie zu dauerhaften Lernerfolgen führen konnte.

* Es handelt sich um den Aufsatz «The development of mental functions in twins» (Lurija 1936).

Tatsächlich erwiesen sich beide Verfahren als mangelhaft. Nach unserer Ansicht benötigte das Kind ein klar umrissenes Ziel, das entweder verbal erklärt oder in Form eines Modells vorgegeben werden und das es nachbauen müßte. Danach hätte das Kind die Aufgabe selbständig zu analysieren und einen Weg für ihre Lösung zu finden. Es müßte also vorher die passenden Bausteine aussortieren und die anderen beiseite legen. Keine der beiden oben beschriebenen Methoden genügte diesen Bedingungen. Ein Kind, das ein detailliertes, fertiges Modell zum Nachbauen erhält, steht vor keiner selbständig zu lösenden Aufgabe. Es muß nur die Bausteine nach dem Bild auswählen und sie an die richtige Position bringen. Eine so gestellte Aufgabe läßt keinen Entscheidungsspielraum. Sie bietet lediglich die Möglichkeit, elementare Unterscheidungen zu vollziehen, die die meisten Kinder in diesem Alter ohnehin beherrschen.

Das freie Bauen mit Steinen ist für das Kind interessant, aber es zeigt ihm nicht, wie es das Erdachte verwirklichen kann: Das Kind soll selbständig zu einer Lösung kommen, indem es die geeigneten Bausteine und Verfahren wählt; Ziel und Mittel der Umsetzung sind flexibel. Aus pädagogischer Sicht hat das freie Bauen dennoch eine Reihe von Mängeln. Das Kind muß sich keine Gedanken darüber machen, ob es seinen Plan wirklich mit dem verfügbaren Material umsetzen kann. Außerdem wird aus der Konstruktionstätigkeit oft ein freies schöpferisches Spiel, bei dem das Kind improvisiert und den einzelnen Dingen unterschiedliche Funktionen zuschreibt. So macht es den einen Baustein einfach zu einem Auto, den anderen zu einem Baum, und ein dritter, kleinerer, wird zu einem Hund usw. Ein solches Spiel ist sehr unterhaltsam, trägt aber nichts zur Entwicklung der Konstruktionsfähigkeit bei.

Unter Beachtung dieser Einwände entwickelte ich zusammen mit Mirenowa folgende Konstruktionsaufgabe: Wir zeigten dem Kind ein Modell, das es mit Bausteinen nachbilden sollte. Es unterschied sich von den in der Vorschule üblichen dadurch, daß seine einzelnen Elemente nicht erkennbar waren. Es handelte sich entweder um ein zweidimensionales Umrißbild oder um ein dreidimensionales Modell, das wir mit weißem Papier umgaben, so daß nur die Konturen zu sehen waren. Im Gegensatz zu den üblichen Konstruktionsaufgaben zwingt das Konturenmodell das Kind, selbständig zu entscheiden, welche Bausteine es benötigt. Vom freien Spielen schließlich unterschied sich unser Modell, weil es dem Kind einen festen Rahmen vorgab, an dem es ständig die Ergebnisse sei-

Ein Modell mit erkennbaren Elementen (links) und eines, das nur den Umriß wiedergibt

ner Arbeit messen konnte. Diese Bedingung hielt das Kind bei der Sache und verhinderte das Abschweifen.

Wir nahmen an, daß Spiele dieser Art die Entwicklung komplexer Formen perzeptiver Tätigkeit fördern. Unmittelbare Wahrnehmung des Modells genügte zur Lösung der Aufgabe nicht, das Modell mußte logisch analysiert werden. Den Kindern wurde bei der Lösung der Aufgabe zwar eine gewisse Entscheidungsfreiheit gelassen, ihre Arbeit vollzog sich dennoch innerhalb klar bestimmbarer Grenzen.

Wir überprüften unsere Hypothesen an fünf eineiigen Zwillingspaaren, die eine Schule am Institut für Medizinische Genetik besuchten. Zunächst stellten wir fest, ob Wahrnehmung und Denken dieser Kinder ihrer Altersnorm entsprachen, und untersuchten ihr visuell-konstruktives Vorstellungsvermögen. Danach gaben wir Kontrollaufgaben: Bei einer sollten die Kinder nach dem Modell bauen, das die einzelnen Elemente zeigte, bei der anderen wurden sie aufgefordert, sich nach dem Umrißmodell zu richten, und in der letzten Aufgabe sollten sie mit den Bausteinen frei spielen. So erhielten wir Ausgangsdaten, an denen wir später die Veränderungen durch unser Trainingsprogramm ablesen konnten.

Je ein Zwilling unserer Versuchspaare arbeitete in der Folgezeit mit Modellen, bei denen alle Elemente deutlich angegeben waren. Diese Gruppe bezeichneten wir als «Elementbaugruppe». Die zweite Gruppe bekam Konturenmodelle, und wir nannten sie die «Modellbaugruppe».

Unsere Kinder lebten im Institut für Medizinische Genetik und besuchten dort einen speziellen Kindergarten. Die beiden Gruppen wohnten in unterschiedlichen Zimmern, besuchten zwei verschiedene Kindergärten und trafen sich nur auf Spaziergängen und manchmal beim Spielen. Jede Gruppe erhielt zweieinhalb Monate lang zweimal täglich eine Trainingsaufgabe, insgesamt waren es also etwa hundertfünfzig für jedes Kind.

Zuerst entwickelte sich die Konstruktionstätigkeit der Kinder beider Gruppen nur mühsam. Sie nahmen oft Bausteine falscher Größe oder falscher Form, und ihre Bauten wichen merklich von den Vorbildern ab. Dennoch beschrieben sie sie so, als ob es sich wirklich um Kopien des Modells handelte, und konnten kaum oder gar nicht erkennen, daß eine Diskrepanz vorlag.

Nach dem zweimonatigen Training testeten wir beide Gruppen erneut. Zunächst legten wir allen Kindern ein dreidimensionales Konturenmodell zum Nachbauen vor, bei dem die einzelnen Elemente nicht sichtbar waren. Wir stellten fest, daß die Kinder, die bereits während des Trainings mit solchen Modellen gearbeitet hatten, bedeutend erfolgreicher waren. Dieser Effekt hätte noch mit der mangelnden Übung der anderen Kinder zusammenhängen können. Als wir dann aber beiden Gruppen Modelle gaben, die ihre Elemente zeigten, waren die Kinder aus der Modellbaugruppe wiederum überlegen.

Was hatte in den Trainingsprogrammen den Unterschied im Verhalten der Kinder hervorgerufen? Wir stellten fest, daß die Kinder der Modellbaugruppe ihre Bauten planten. Ihre erste Reaktion auf die Aufgabe bestand im Versuch, das ganze Schema zu erfassen, während die Kinder aus der Elementbaugruppe unvermittelt an die Arbeit gingen. Außerdem konnten Kinder aus der Modellbaugruppe später bedeutend besser erklären, worin ihr Bau jeweils vom Modell abwich. Die anderen schienen Abweichungen oft gar nicht zu bemerken.

Nun versuchten wir, die Ursachen für die beobachteten Unterschiede herauszufinden, indem wir den Kindern neue Aufgaben stellten. Eine bestand im Bau nach einem Modell, bei dem ein oder zwei Elemente fehlten. Die Kinder der Modellbaugruppe hatten keine besonderen Schwierigkeiten bei der Wahl der notwendigen Elemente und beim Einfügen an den entsprechenden Stellen, während die Kinder der Elementbaugruppe nicht in der Lage waren, diese Aufgabe zu bewältigen.

Die Ergebnisse ließen uns vermuten, daß sich das Trainingsprogramm der Elementbaugruppe lediglich auf die elementare Wahrnehmung bezogen hatte und die Kinder deshalb Schwierigkeiten beim Lösen komplizierterer Aufgaben bekamen.

Weitere Tests ergaben keinerlei Unterschiede im Erkennen elementarer Figuren und in der Konzentrationsfähigkeit. So konnten wir folgerten, daß die beobachteten Differenzen auf der unterschiedlichen Fähigkeit beruhten, die Modelle in ihre Bestandteile zu zergliedern und die Elemente auf das Ganze zu beziehen. In weiteren Versuchen überprüften wir diese Vermutung, indem wir Kinder kompliziertere Figuren aus dem Gedächtnis reproduzieren ließen. Diese Figuren bestanden aus Bausteinen unterschiedlicher Form, die ein erkennbares Ganzes bildeten. Ein Beispiel zeigt die folgende Abbildung.

Modell aus unregelmäßig geformten Elementen

Wir stellten fest, daß die Kinder der Modellbaugruppe die Figur reproduzieren und die Elemente richtig einsetzen konnten, während die Kinder der anderen Gruppe nur Teile der Aufgabe lösten und nicht imstande waren, die ganze Figur nachzubauen.

Danach stellten wir den Kindern die «Wabenaufgabe» (vgl. Abb. S. 103). Zur Lösung dieser Aufgabe mußten die Kinder zuerst verstehen, daß jede Seite einer Wabe gleichzeitig eine Seite der benachbarten, angrenzenden Wabe darstellt. Wie allen Fünf- bis Sechsjährigen fiel dies auch den Zwillingen schwer, mit denen wir arbeiteten. Die Kinder aus der Modellbaugruppe zeigten jedoch, daß sie die Regel des Wabenbaus nachvollziehen konnten, obwohl auch sie Fehler begingen, während die andere Gruppe völlig unfähig war, dieses Problem zu lösen.

Um ausfindig zu machen, wie gut Kinder Beziehungen zwischen Gegenständen und deren räumliche Konfiguration erfassen, sollte jedes Kind die Bewegungen eines Versuchsleiters nachahmen, der ihm gegenüberstand. Hob dieser die rechte Hand, sollte auch das Kind die rechte Hand heben, obwohl dessen linke Hand näher an der rechten des Experimentators war. Um richtig zu reagieren, mußte das Kind sich also die

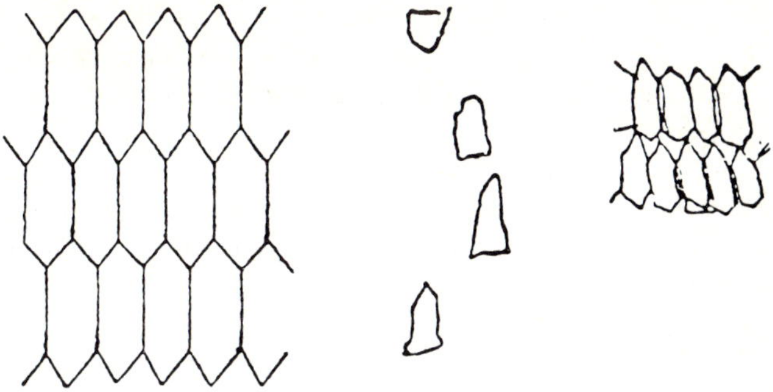

Das Wabenmodell (links) und die Versuche zweier Kinder, dieses Modell zu reproduzieren: Das erste Kind kam aus der Element-, das andere aus der Modellbaugruppe.

Bewegung räumlich vergegenwärtigen. Wieder zeigte sich, daß die Kinder der Modellbaugruppe die räumlichen Operationen besser beherrschten.

Darüber hinaus hatten die Kinder der Elementbaugruppe im freien Bauen keine Fortschritte gemacht. Immer noch ließen sie sich leicht und oft von ihrer Aufgabe ablenken und änderten dann die Bedeutung der Elemente oder des ganzen Unterfangens. Die Kinder der Modellbaugruppe dagegen erstellten zuerst einen Bauplan, um ihn dann zu verwirklichen. Selbst sechs Monate später waren die genannten Unterschiede noch deutlich feststellbar. Derartige Untersuchungen waren in ihren theoretischen und pädagogischen Konsequenzen interessant. Zudem wurde klar, daß eineiige Zwillinge ein äußerst lohnendes Forschungsobjekt darstellen können.

Die Arbeit mit Zwillingen in den zwei oben beschriebenen Versuchsreihen bot die Möglichkeit, den genetischen und den umweltbedingten Einfluß auf die intellektuelle Entwicklung zu überprüfen. In einer dritten Versuchsreihe dagegen gingen wir von der häufigen Tatsache spezieller, enger Beziehungen zwischen den Zwillingen aus, die ihre sprachliche und spätere intellektuelle Entwicklung beeinflussen.

Oft verbringen Zwillinge einen großen Teil ihrer Zeit zusammen. Beim Spielen achten Erwachsene gewöhnlich nur darauf, daß den Kindern nichts passiert. Sich selbst überlassen erfinden sie dann häufig «private» Formen des Sprechens, die für die Umgebung unverständlich bleiben. Derartige persönlich-private Sprechweisen treten in jeder sozialen Gruppe auf; bei Zwillingen entsteht jedoch zuweilen eine Situation, in der die Kinder vorwiegend mit Hilfe von Wörtern kommunizieren, die ausschließlich ihnen beiden verständlich sind.

Während unserer Arbeit stießen wir auf ein derartiges Zwillingspaar: Jura und Ljoscha, eineiige Zwillinge, die bis zum Alter von zwei Jahren überhaupt nicht sprachen. Mit zweieinhalb Jahren konnten sie lediglich «Mama» und «Papa» sagen. Mit vier Jahren äußerten sie beim Spielen begleitende Laute, die sie jedoch nicht systematisch im Zusammenhang mit Gegenständen oder Handlungen verwendeten, jedenfalls konnte ihre Mutter kein bestimmtes System erkennen. Als Fünfjährige benutzten die Kinder mehrere konventionelle Wörter, wenn sie sich an Erwachsene wandten, beim Spielen aber sprachen sie kaum; und wenn, dann schien es, als ob die Laute («aga», «nu», «a», «bul-bul») sich nun zwar auf Handlungen und Gesten bezogen, aber keine selbständige Bedeutung besaßen. Ihr privater Wortschatz bestand aus einer geringen Anzahl von Lexemen wie «pi-pi» für «Küken» sowie aus solchen, die alltägliche Gegenstände, Körperteile und elementare Handlungen bezeichneten. Die Zwillinge verstanden einfache Sätze, wenn diese sich auf sie selbst bezogen. Aber wenn sie nicht unmittelbar angesprochen wurden oder wenn die grammatischen Konstruktionen komplizierter wurden, gingen die Sätze an ihnen vorbei.

Zu Hause brachten die Zwillinge die meiste Zeit mit gemeinsamem Spielen zu. Es wurde ihnen nichts vorgelesen, ihre geistige Entwicklung wurde nicht speziell gefördert. Dennoch schienen sie in intellektueller Hinsicht normal zu sein. Sie waren ausgelassen, energisch und kontaktfreudig, konnten sich allein anziehen, aßen selbständig und halfen bei einfachen häuslichen Arbeiten.

Die Bedingungen am Institut für Medizinische Genetik boten die einmalige Möglichkeit zur Untersuchung der Sprache und der Erkenntnistätigkeit dieser Zwillinge. Sie wurden in den Kindergarten des Instituts aufgenommen und paßten sich rasch an die neue Situation an. Verglichen mit den Konstruktionsspielen ihrer Altersgenossen blieben Jura und Ljoscha etwas zurück: Sie bauten nie komplexere Objekte. Beim Spielen mit Bausteinen warfen sie diese gern im Zimmer herum. Sie spielten meistens zusammen, selten dagegen mit anderen Kindern, und sie sprachen wenig. Wenn sie doch mit anderen spielten, dann handelte es sich um einfache Spiele wie «Fangen». An schöpferischen Aktivitäten wie Zeichnen oder Modellieren beteiligten sie sich ebensowenig wie an Rollenspielen.

In der ersten Zeit im Kindergarten konnten wir die Gespräche der Zwillinge aufzeichnen. Obwohl sich damals – sie waren fünfeinhalb Jahre alt – ihr Wortschatz gerade erweiterte, blieb ihr Reden agrammatisch. Mit Erwachsenen unterhielten sie sich selten; nur manchmal zeigten sie auf einen erwähnten Gegenstand oder gebrauchten irgendein eigenes Wort, um ihn zu bezeichnen. Ihr gemeinsames Sprechen war eng mit Handlungen verbunden und verdeutlichte den emotionalen Charakter der Tätigkeit. Die Analyse von acht Spielsituationen machte deutlich, daß der Großteil ihrer Äußerungen aus Sätzen bestand, die einen emotionalen Zustand ausdrückten (80 Prozent). Diese Sätze blieben unverständlich, wenn man nicht gleichzeitig beobachtete, was die Kinder taten. Obwohl sie auch einfache Wörter verwendeten, war deren Bedeutung doch nicht konstant – in dieser Beziehung entsprach ihr Sprechen dem eines normalen Zweieinhalb- bis Dreijährigen. Damit standen sie in krassem Kontrast zu ihren Altersgefährten, die mit fünf Jahren in der Beherrschung der Semantik und Grammatik der russischen Sprache bereits große Fortschritte gemacht hatten.

Ausgehend von der These, das Sprechen sei der Mechanismus zur Ausbildung kulturell determinierter, vermittelter Erkenntnistätigkeit, betrachteten wir die undifferenzierte Sprechweise der Zwillinge als Hauptursache ihres primitiven Spielens. Wir nahmen ferner an, daß sich die Zwillinge auch hinsichtlich ihrer intellektuellen Tätigkeiten von den Altersgenossen unterscheiden würden. Solange das Sprechen der beiden diffus und emotionsgebunden blieb, versagte es als Verhaltensregulator. Ohne die konventionellen Wortbedeutungen blieben ihnen die kulturellen Erkenntniswerkzeuge verschlossen. Das ausgefeilteste planende oder steuernde Sprechen, das wir zu Beginn von den beiden hörten, bestand aus kurzen Sätzen wie «Ljulja [Jura], wirf her, du hier!» Aber auch diese Sätze bezogen sich stets auf die gerade ausgeführte Handlung. Als sie sich im Kindergarten eingewöhnt hatten, führten wir ein Experiment durch: Wir begannen ein zehnmonatiges Trainingsprogramm, während dessen die Zwillinge getrennt lebten. Schon dieser Umstand half uns, die «Zwillingssituation» aufzubrechen und die Entwicklung eines bedeutend «erwachseneren» Sprechens sowie, parallel dazu, die weitere Ausbildung der psychischen Funktionen anzuregen. Darüber hinaus erhielt Jura, der etwas schwächere und weniger entwickelte Zwilling, spezielles Sprachtraining, das ihn bei der Lauterkennung und Artikulation unterstützte. Der Unterricht verlief nach folgendem Muster: Zuerst versuchten wir das Kind zu ermuntern, auf Fragen zu antworten; dann sollte es Gegenstände benennen und schließlich aktiv Fragen beantworten, komplizierte Sätze wiederholen und Bilder beschreiben. Dieses Programm dauerte drei Monate; nach einer zweimonatigen Pause wurde es weitere sechs Monate lang fortgesetzt.

Zwei Beispiele von Dialogen mit Jura, einer wurde am Anfang (A), der zweite am Ende (B) des Experiments aufgezeichnet (vgl. S. 107). Wie das Protokoll zeigt, reagierte Jura zuerst schweigend oder gar nicht auf Fragen. Zehn Monate später befindet sich sein Sprechen, bis auf eine leichte Störung der Aussprache, semantisch, grammatikalisch und funktional auf dem Weg zur «erwachsenen» Form.

Wir testeten die Kinder nach den ersten drei und erneut nach zehn Monaten, um festzustellen, was die Trennung bewirkt hatte. Darüber hinaus wollten wir sehen, ob der Spezialunterricht für Jura erfolgreich gewesen war. Bereits nach drei Monaten hatte sich beider Sprachverhalten geändert; es entsprach jetzt weitgehend der Norm für Kinder dieses Alters. Obwohl in Grammatik und Aussprache noch Fehler auftraten, konnten beide komplexere Sätze konstruieren: «Ich will ein Haus, ich habe es nicht» oder «Ljoscha macht einen Tisch». Doch zeigte sich auch, daß Jura mehr erreicht hatte als Ljoscha. Ihre Gespräche setzten sich zu 40 Prozent aus Sätzen zusammen, denen eine Planungsfunktion zukam, beispielsweise: «Dürfen wir die Bausteine nehmen?» oder «Ich will ein Lastauto basteln» ... Ljoschas Sprechen hatte allerdings seltener erzählenden Charakter, er beschrieb seltener eigene Handlungen oder die anderer Personen. Meistens blieb er der Situation verhaftet und agrammatisch. Ein Bezug auf zukünftige oder vergangene Ereignisse fehlte fast völlig. Das ließ uns vermuten, daß sich das planende Sprechen aus den Aktivitäten und Interaktionen im Kindergarten entwickelt hatte, daß aber erzählendes Sprechen auf dieser Entwicklungsstufe offensichtlich eines besonderen Trainings bedurfte.

Wir stellten damals einen weiteren, jedoch weniger auffälligen Unterschied im Sprechen der Zwillinge fest. Trotz des hohen Anteils planenden Sprechens bei beiden Kindern neigte Jura eher zur Formulierung von Plänen, bezogen auf Gegenstände und Handlungen, die nicht Bestandteil

Lehrerin	*Jura*
(A)	
«Guten Morgen, Jura!»	Reicht schweigend die Hand.
«Nun, guten Morgen, Jura!»	Schweigt.
«Bist du mit der Straßenbahn gekommen?»	Schweigt.
«Ist Jura mit der Straßenbahn gekommen?»	Schweigt.
«Mit wem ist Jura gekommen?»	Schweigt.
«Mit Onkel Wanja?»	Schüttelt den Kopf.
«Mit wem ist Jura gekommen? Mit Fanja Jakowlewna?»	Nickt schweigend.
«Ja, Jura ist mit Tante Fanja gekommen.»	Die gleiche Reaktion.
«Was hat Jura heute an? Stiefel?»	Schweigt.
(B)	
«Was ist das?» (Es wird ein Bild gezeigt.)	«Ein Eichhörnchen» («pelotska» statt «belotschka»).
«Woher weißt du, daß es ein Eichhörnchen ist?»	«Der Schwanz ist so bussig» («pussistyj» statt «puschistyj»).
«Wo lebt es?»	«Wald.»
«Im Wald?»	«Im Wald.»
«Aber wo im Wald lebt es?»	Schweigt.
«Hat es ein Haus?»	«Hat es.»
«Wo?»	«Im Laum» («na delewe» statt «na derewe»).
«Wie im Baum?»	«In einem Soch» («w dilke» statt «w dyrke»).
«In einem Loch?»	Schweigt.

seiner unmittelbaren Umgebung waren. Zehn Monate später war bei Ljoscha der Anteil des planenden Sprechens erneut gestiegen. Dennoch zeigte der Junge nach wie vor eine geringere Fähigkeit zur Planung dessen, was sich außerhalb seiner unmittelbaren Umgebung befand.

Dieser Unterschied wurde auch im erzählenden Sprechen deutlich. Jura hatte früher als Ljoscha zu erzählen begonnen, aber nach zehn Monaten war der Anteil des Erzählens an allen sprachlichen Äußerungen bei

Ljoscha (28 Prozent) größer als bei Jura (21 Prozent). Doch auch hier bestätigte sich Ljoschas Abhängigkeit von seiner unmittelbaren Umgebung. Meistens beschrieb er seine Handlungen und unmittelbaren Wahrnehmungen. Juras Erzählungen betrafen dagegen gewöhnlich Ereignisse außerhalb der unmittelbaren Situation. Aufgrund dieser Beobachtungen folgerte ich, daß die Notwendigkeit zu kommunizieren zur Herausbildung normalen Sprachverhaltens führt, daß aber zur Konstruktion differenzierter, wohlgeformter Sätze ein spezielles Training erforderlich ist.

Auch im Verstehen von Erwachsenen zeigte sich ein analoges Entwicklungsschema. Im normalen Gespräch war es praktisch unmöglich, Unterschiede zwischen den Zwillingen festzustellen, weil die unmittelbare Umgebung den jeweiligen Sinn verdeutlichte. Aber in speziellen Interviews erwies sich, daß Juras Fähigkeit, die im Russischen wesentlichen Konstruktionen und Flexionen zu erfassen, besser als bei seinem Bruder entwickelt war, der kein spezielles Sprachtraining erhalten hatte.

Diese Veränderungen im Sprachverhalten waren für sich schon bedeutsam. Wir wollten aber wissen, wie sich dies auf die Struktur der geistigen Tätigkeit auswirkte, ob also die qualitativen Veränderungen, die Wygotskij mit seinen Studenten festgestellt hatte, auch in der kurzen Zeitspanne unserer Arbeit mit Zwillingen auftraten. Zu Beginn des Trainings beschäftigten sich die Zwillinge mit einfachen Spielen, in denen sie Dingen Spiel-Bedeutungen gaben, doch integrierten sie diese Dinge nie zu einem System ausdrücklich formulierter Regeln, zum Beispiel: «Du bist der Fahrer, und ich bin der Fahrgast»·oder «Los, laß uns eine Burg bauen». Als den Zwillingen nach dreimonatiger Trennung wieder erlaubt wurde, zusammen zu spielen, kam es zu merklichen strukturellen Veränderungen. Die Kinder begannen Projekte zu verfolgen und sie verbal auszudrücken. Die Bedeutung der Dinge veränderte sich nicht mehr während des Spiels, das sich nun auch durch ein gemeinsam vereinbartes Ziel auszeichnete, an dem sich die Kinder orientierten.

Beim freien Modellieren von Gegenständen aus Ton zum Beispiel erklärte jedes Kind zunächst, was es zu bauen beabsichtigte, und blieb dann mehr oder weniger bei diesem Plan. Die Konstruktionen unserer Zwillinge waren nicht wegen ihrer Schönheit bemerkenswert, sondern wegen des Maßes an Vorausplanung, das sie offenbarten. Durch die Fähigkeit, die eigenen Handlungen zu planen, ließen sich die Kinder auch weniger ablenken und waren entschlossener, ihr Projekt zu Ende zu bringen.

In der geistigen Entwicklung der Zwillinge tauchten außerdem Unterschiede auf, die mit der unterschiedlichen Sprechfähigkeit zusammenhingen. Bis zur Trennung dominierte gewöhnlich Ljoscha die gemeinsame Tätigkeit. Nach der getrennten Erziehung leitete er zwar nach wie vor die Spiele, die auf Körperbewegungen basierten, doch Jura wurde nun zum Anführer bei Spielen, die sprachliche Äußerungen erforderten.

Die Überlegenheit Juras wurde in einem Spiel besonders deutlich, in dem Gegenstände Spielnamen erhielten, mit denen die Kinder Geschichten erfinden mußten. Wir bezeichneten einen Bleistift zum Beispiel als «Mama», eine Vase als «Baum» und einen Löffel als «Wolf». Dann spielten wir eine kleine Szene mit «Baum», «Wolf» und «Mama» vor. Jura kam schnell ins Spiel; Ljoscha dagegen weigerte sich, die Gegenstände bei ihren Spielnamen zu nennen. Er hatte auch Schwierigkeiten, Gegenstände zu klassifizieren oder Fehler auf einem Bild herauszufinden, während Jura solche Aufgaben rasch löste. In all diesen Fällen demonstrierte Jura seine Fertigkeit, kulturell angepaßte Schemata zur Organisation seines Denkens zu nutzen, während Ljoschas Verhalten dem jüngerer Kinder ähnelte. Nachzulesen sind diese Befunde in der Untersuchung ‹*Die Funktion der Sprache in der geistigen Entwicklung des Kindes*› (Lurija & Judowitsch 1982).

Wie Sprache das Verhalten steuert

Ende der vierziger, Anfang der fünfziger Jahre untersuchten wir die Rolle des Sprechens bei der Entwicklung von Kindern im Vorschulalter sowie die Störungen der sprachlichen Steuerungsfunktion bei geistig zurückgebliebenen Kindern. Immer wieder kehrte ich zu diesem Problem zurück, und jedesmal in veränderter Form. Ich habe bereits kurz die Experimente beschrieben, die ich als junger Mann in Kasan durchgeführt hatte. Dort verwendeten wir Sprachreize, um deren Einfluß auf die Reaktionszeit aufzuzeigen. Es ging darum, Erschöpfungszustände bei Arbeitern zu beeinflussen. Etwas später versuchte ich dann, motorische Reaktionen auf bedeutungshaltige Sprachreize zur Erforschung der Dynamik latenter emotionaler Komplexe zu nutzen. Mitte der zwanziger Jahre, kurz nachdem Wygotskij und ich uns der klinischen Arbeit zugewandt hatten, begannen wir bei Kranken, die an neurologischen Störungen litten (zum Beispiel Parkinsonismus), die Sprache zur Reorganisation psychischer Prozesse zu verwenden, mit dem Ziel, einzelne Symptome zu kompensieren. Im Laufe des folgenden Jahrzehnts konzentrierten meine Mitarbeiter und ich unsere Forschungen auf die Entwicklung höherer psychischer Prozesse bei Kindern, insbesondere bei Zwillingen, und auf die Rolle der Sprache bei der Herausbildung dieser Prozesse.

In den Jahren nach dem Zweiten Weltkrieg wurde das Interesse für die Psychologie Pawlows wiedererweckt. Man versuchte auf ihrer Grundlage alle, auch die kompliziertesten Formen menschlichen und tierischen Verhaltens zu erklären. Dieser Trend beeinflußte auch meine Arbeit einige Jahre lang. Die Hauptstärke der Pawlow-Schule gründete sich auf die breitgefächerten und ausgefeilten Experimentalverfahren, die sie im Laufe der Jahre entwickelt hatten. Obwohl auch ich Labormodelle verwendete, unterschied sich mein Ansatz jedoch in mancher Hinsicht von der Art und Weise, wie Pawlows Methoden damals angewandt wurden. Vor allem hatte ich den Eindruck, sie versuchten, menschliches Verhal-

Lurija, Anfang der sechziger Jahre

ten von einer zu mechanistischen Warte aus zu erklären, nämlich ausschließlich anhand vorübergehender Verbindungen zwischen Reizen und Reaktionen. Dogmatische Pawlowianer meinten, das Verhalten von Kleinkindern ließe sich ausschließlich als eine quantitative Erweiterung elementarer bedingter Reflexe beschreiben, während ich und die anderen Mitarbeiter Wygotskijs von qualitativen Veränderungen ausgingen.

Anfang der fünfziger Jahre begann ich meine Arbeit am Institut für Defektologie, das Wygotskij bereits in den zwanziger Jahren gegründet hatte. Uns interessierte, nach welchem Muster sich die sprachliche Steuerung des kindlichen Verhaltens entwickelt. Um die Gesetzmäßigkeit im Übergang vom natürlichen, unmittelbaren zum instrumentellen vermittelten Niveau zu begreifen, entschieden wir uns für eine vergleichende Analyse mit normalen Kindern unterschiedlichen Alters und Kindern mit diversen Formen geistiger Retardierung.

Als ich diese Arbeit in Angriff nahm, verwendete Iwanow-Smolenskij *, der führende Vertreter der Pawlow-Schule jener Zeit, die Methode der motorischen Kopplung, die auch ich bereits in meinen früheren Untersuchungen eingesetzt hatte. In Iwanow-Smolenskijs Version wurden Kindern Licht- und Tonreize in großer Anzahl dargeboten. Sie sollten lernen, aufgrund der Reize auf einen Gummiball zu drücken – oder dies bewußt zu unterlassen. Man erklärte ihnen vor Beginn des Versuches nicht, worin die Aufgabe bestand. Vielmehr sollten sie dies selbst herausfinden, und zwar anhand der Zusatzinstruktion «Drücke» oder «Drücke nicht».

Iwanow-Smolenskij war überzeugt, daß zwischen den Instruktionen «Drücke» und «Drücke nicht» und dem Futterangebot für Tiere in den Pawlowschen Versuchen kein grundlegender Unterschied bestand. Die Lösung der gestellten Aufgaben durch ein Kind faßte er als Konditionierung auf. Ich lehnte diese Interpretation und die Methode insgesamt ab. Nach meiner Meinung hat jeder Reiz, der einem Kind dargeboten wird, insbesondere Anweisungen des Typs «Drücke» und «Drücke nicht», eine Verallgemeinerung logischer Art zur Folge. Nach ein, zwei Probeläufen formuliert ein normales Kind innerlich eine allgemeine Regel vom Typ «Ich soll bei Rot drücken» oder «Ich soll bei Grün nicht drücken». Es reagiert nicht auf einzelne «verbale Bekräftigungen», sondern versucht, eine allgemeine Strategie zu finden, die dem Experiment entspricht.

Wir ersannen daher eine Methode, die geeignet erschien, die uns interessierenden psychischen Mechanismen zu erfassen. Am Anfang jedes Experiments gaben wir den Versuchspersonen eine Reihe von Instruktionen, die einfache Bewegungsreaktionen auslösen sollten. Anschließend stellten wir fest, inwieweit ein Kind diesen Instruktionen folgen konnte. Im weiteren Verlauf veränderten wir die Aufgaben, um festzustellen, wie Kinder unterschiedlichen Alters mit unterschiedlichen neurodynamischen Eigenschaften sie lösen würden. Wir beobachteten, daß Kinder im Alter von zwei bis zweieinhalb Jahren selbst die einfachsten Anweisungen nicht verstehen können, wenn sie diese vor der eigentlichen Aufgabe erhalten. Als wir Kindern dieses Alters die Anweisung gaben «Wenn das

* Anatolij Georgjewitsch Iwanow-Smolenskij, sowjetischer Neurophysiologe, Schüler Pawlows, wirkte 1931 bis 1945 als Direktor der Psychiatrischen Klinik und des Pawlow-Laboratoriums in Leningrad, ab 1945 als Direktor der Moskauer Zweigstelle des Pawlow-Instituts.

rote Licht aufleuchtet, drücke», so drückten sie unverzüglich auf das Bällchen, statt abzuwarten, bis das rote Licht aufleuchtete. Der erste Teil der Instruktion – «Wenn das rote Licht aufleuchtet» – rief einen Orientierungsreflex hervor, so daß die Kinder das rote Licht zu suchen anfingen. Der zweite Teil der Instruktion – «drücke» – löste eine sofortige Bewegungsreaktion aus. Der eingeplante Reiz – das rote Licht – wurde faktisch zu einem Ablenkungsfaktor; denn auch wenn die Kinder bereits begonnen hatten, auf den Knopf zu drücken, unterbrachen sie oft ihre Reaktion, sobald das rote Licht aufleuchtete.

Drei- bis vierjährige Kinder boten ein ganz anderes Bild. Sie waren in der Lage, die Anweisung zu befolgen. Fehlerhafte Reaktionen kamen nur selten vor. Sie nahmen zuerst die Instruktionen auf und warteten dann, bis der entsprechende Reiz erschien. Wir vermuteten, daß die Kinder innerlich eine allgemeine Regel formulierten, die als Sperre fungierte und die Tendenz hemmte, unmittelbar zu reagieren.

Obwohl in diesem Alter ein eindeutiger Fortschritt zu beobachten war, ließ sich die sprachliche Steuerung der motorischen Reaktion doch noch leicht aus der Balance bringen. Bereits eine geringfügige Veränderung der Versuchsanordnung reichte aus, um eine solche Desorganisation hervorzurufen. Statt ein Kind aufzufordern, auf einen einzigen Reiz (zum Beispiel auf das rote Licht) zu reagieren, ließen wir ihm die Alternative: «Wenn du das grüne Licht siehst, tue nichts. Wenn du das rote Licht siehst, dann drücke.»

In diesem Fall reagierte ein Teil der Kinder auch dann, wenn der negative Erreger (das grüne Licht) den positiven (rot) ablöst. Dies läßt sich nach der Pawlowschen Terminologie als «Irradiation [Ausbreitung] der Erregung» bezeichnen. Der andere Teil der Kinder dagegen reagierte gar nicht mehr, wenn das rote auf das grüne Licht folgte: nach Pawlow eine «Irradiation der Hemmung», ausgelöst durch den vorangegangenen negativen Reiz.

Die Fehler entstanden nicht etwa, weil den Kindern die Instruktionen entfallen waren. Obwohl sie nicht richtig reagiert hatten, waren alle in der Lage, die Anweisung korrekt zu wiederholen. Sie waren einfach zu jung: Doch schon im Alter von sechs Jahren können Kinder derartige Aufgaben mühelos lösen. Fehler unterliefen dann nur noch, wenn wir sie aufforderten, möglichst schnell zu reagieren, oder wenn sie müde wurden. Wir interpretierten diese Resultate in Pawlowschen Termini als schrittweise Entwicklung der Selektivität und Flexibilität beziehungsweise Plastizität neuraler Prozesse. Nach der Theorie Wygotskijs handelt es sich um die stufenweise Herausbildung komplexer sprachlich gesteuerter motorischer Verhaltensprogramme.

Als wir dazu übergingen, ähnliche Experimente mit geistig behinderten Kindern durchzuführen, stellten wir fest, daß diese sogar im Alter von sieben Jahren nicht in der Lage waren, einfachste direkte Anweisungen zu befolgen. Im Versuch mit einem einzigen Reiz, in dem Kinder beim Aufleuchten eines Lichts auf einen Knopf drücken sollten, beobachteten wir, daß die Bedingung «wenn das rote Licht aufleuchtet» sie dazu veranlaßte, das rote Licht zu suchen, und die Anweisung «drücke» eine sofortige motorische Reaktion hervorrief. Jeder Bestandteil der Instruktion führte zu direkten Orientierungs- oder Bewegungsreaktionen. Die unkontrollierten Bewegungsimpulse, die durch das Wort «drücke» hervorgerufen wurden, hörten oft selbst dann nicht auf, wenn der Befehl «Stop» gegeben wurde.

Die geistig zurückgebliebenen Kinder waren durchweg nicht imstande, Verhaltensprogramme zu entwerfen, die für die zweite Aufgabe, die Wahlreaktion, nötig waren. Kinder mit leichter geistiger Behinderung konnten die einfachste Art dieses Aufgabentyps zwar lösen, gerieten jedoch in Schwierigkeiten bei komplizierteren Varianten.

Diese Erscheinungen im Rahmen der Pawlowschen Theorie des bedingten Reflexes zu erklären war nicht leicht. Auf den ersten Blick schienen zwei Möglichkeiten zu bestehen. Die Behinderungen der Bewegungsreflexe ließen sich entweder als eine Störung des Gleichgewichts zwischen Erregung und Hemmung bezeichnen oder als unzureichende Flexibilität der neuralen Prozesse. Diese Erklärungen gründeten auf der physiologischen Konzeption Pawlows. Der Begriff «Gleichgewicht» bezieht sich auf die allgemeine Tendenz erregender und hemmender Prozesse, die Oberhand zu gewinnen. Bei der Dominanz der Hemmung zeigen sich beim Kind Anzeichen einer raschen Erschöpfung, wodurch eine Reaktion verhindert wird. Überwiegt die Erregung, reagiert das Kind auf Instruktionen mit hyperaktivem Verhalten. Unserer Meinung nach kann geistige Behinderung nicht ausschließlich durch die unzureichende Balance zwischen erregenden und hemmenden Prozessen des Nervensystems erklärt werden. Schon Pawlow hatte beschrieben, daß das Ungleichgewicht zwischen Erregung und Hemmung das Hauptsymptom der Neurose sei. Auf jeden Fall wirkt dieser Faktor auch bei Kindern mit geistiger Behinderung.

Aber bei ihnen spielt offensichtlich die unzureichende Flexibilität und die Trägheit neuraler Prozesse eine große Rolle. Erfahrene Lehrer wissen, daß geistig behinderte Kinder nur unter Schwierigkeiten von einer Beschäftigung zur anderen übergehen können. Haben sie eine Stunde lang buchstabiert, lesen sie oft weiter, selbst wenn die Rechenstunde bereits begonnen hat. Wir erwarteten, daß sich dieses Phänomen auch in unseren Experimenten zeigen würde. Aber im Gegensatz zu den Physiologen der Schule Pawlows, die geistige Behinderung durch die Verbindung von unzureichender Flexibilität der neuralen Prozesse und der Störung ihres Gleichgewichts zu erklären versucht hatten, gingen wir davon aus, daß eine solche Erklärung unzureichend sei. Wir erkannten die Notwendigkeit, dieses Problem mit Hilfe eines differenzierteren Ansatzes zu lösen.

Ausgehend von Wygotskijs Unterscheidung zwischen dem Verhalten auf der Basis höherer, vermittelter und natürlicher Prozesse vermuteten wir, daß Pawlows neurodynamische Mechanismen auf jedem dieser Niveaus in pathologischer Form auftreten können. Wir stellten die Hypothese auf: Wenn das niedrigere Niveau betroffen ist, werden Verhaltensdefizite durch die Umorganisation der Tätigkeit auf die höheren, besser arbeitenden Niveaus kompensiert. Im umgekehrten Fall könnte nur eine solche Kompensation wirksam werden, die auf die niedrigeren Funktionen zurückgreift. Zur Bestätigung dieser Hypothese bedurften wir einer Methode, mit der wir die neurodynamischen Funktionen kindlichen Verhaltens auf beiden Ebenen analysieren konnten.

Trotz dieser theoretischen Vorgaben war es nicht einfach, die Richtigkeit unserer Positionen zu belegen, weil die Einheit menschlichen Verhaltens die völlige Isolierung beider Ebenen verhindert. Wir versuchten daher, eine experimentelle Situation zu schaffen, in der wir die relative Bedeutung der Faktoren variieren konnten.

Meine Mitarbeiterin Chomskaja * und ich verwendeten die Methode der motorischen Kopplung, um die Steuerungsfunktion der Sprache zu untersuchen. Indem wir sprachliche und Bewegungsreaktionen getrennt analysierten, hofften wir, die gewünschte Differenzierung gewährleisten

* Jewgenija D. Chomskaja, russische Neuropsychologin, eine der engsten Mitarbeiterinnen Lurijas, hat sich durch innovative Untersuchungen zu verschiedenen neuropsychologischen Problemen international ein hohes Ansehen verschafft. Sie hat sich in jüngerer Zeit speziell mit der Neuropsychologie der Emotionen – einem von Lurija weitgehend vernachlässigten Gegenstand – beschäftigt.

zu können. In einer Versuchsreihe forderten wir die Kinder auf, mit einer Bewegungsreaktion auf ein verbales Signal zu antworten. In einer zweiten Versuchsreihe sollten die Kinder mit dem Wort «ja» auf den roten Reiz und mit «nein» auf den grünen antworten. Durch den Vergleich der Antworten auf diese zwei Stimuli erhielten wir die Möglichkeit, die Flexibilität des Nervensystems nach dem höheren, sprachlichen und dem niedrigeren, motorischen Niveau zu differenzieren. In dem dritten Versuchsplan wurden beide Reaktionen verbunden. Die Kinder sollten «ja» sagen und gleichzeitig ein Aufnahmegerät bedienen beziehungsweise «nein» sagen und den Apparat nicht bedienen.

Die erste experimentelle Situation, die ausschließlich motorische Reaktionen betraf, erforderte ein Gleichgewicht zwischen erregenden und hemmenden Prozessen und einen hohen Flexibilitätsgrad im Bewegungssystem. Diese Faktoren spielten im zweiten Fall keine Rolle. Die entsprechende Reaktion konnte nur durch höherstufige Störungen der Organisation sprachlichen Verhaltens behindert werden. Die letzte Versuchsreihe, die sprachliche und motorische Reaktionen kombinierte, setzte voraus, daß sich beim Kind ein einheitliches funktionelles System herausgebildet hatte. Ohne ein solches System konnten die sprachlichen und motorischen Reaktionen bestenfalls als parallele Handlungen ablaufen, die sich möglicherweise gegenseitig beeinträchtigten.

Wir fanden heraus, daß Kinder im Alter von zwei bis zweieinhalb Jahren in keiner dieser Versuchssituationen richtig reagieren konnten. Wegen der starken Erregung ihrer motorischen Impulse waren sie nicht imstande, das erforderliche Programm auszuführen. Auch ihre Verbalreaktionen waren desorganisiert: Fortwährend wiederholten sie die Wörter «Ja, ja» beziehungsweise «Nein, nein». Überdies konnten sie keine Verbindung zwischen motorischen und verbalen Reaktionen herstellen. In der Regel hemmten sich diese Handlungen gegenseitig.

In natürlichen Situationen, in denen Zwei- bis Zweieinhalbjährige für sie sinnvolle und durch Erfahrungen unterstützte Handlungen ausführen, sind keine derartigen Anzeichen zu bemerken. Ein zweijähriges Kind, das nach einem Bonbon greift, wird seine Hand, wenn es das Bonbon genommen hat, nicht länger ausstrecken. Unter den künstlichen Laborbedingungen aber, unter denen das Drücken des Knopfes oder das Aussprechen des Wortes «ja» nicht von einer sofortigen Belohnung begleitet wird und nur die Reaktion auf eine Instruktion darstellt, kommt es zu Störungen sowohl im motorischen als auch im Sprachsystem.

Ein anderes Bild ergibt sich bei drei- bis dreieinhalbjährigen Kindern. In diesem Alter erweisen sich die motorischen Reaktionen unter künstlichen Laborbedingungen als besser ausgebildet, und auch das Sprachsystem wird schrittweise flexibler. Das Kind antwortet mit «ja» oder «nein», ohne diese Wörter ständig zu wiederholen. Doch die Verbindung von Sprach- und Bewegungselementen führt gewöhnlich nur zu einer geringen Verbesserung der motorischen Reaktionen. Erst im Alter zwischen dreieinhalb und vier Jahren verlaufen die motorischen Reaktionen des Kindes deutlich organisierter und gesteuerter; die für jüngere Kinder typische Trägheit ist überwunden. Dieser Effekt läßt sich besonders dann beobachten, wenn beide Reaktionen in die gleiche positive Richtung weisen. Soll ein Kind dagegen «nein» (oder «stop») sagen und gleichzeitig seine motorischen Reaktionen blockieren, erfolgt also eine Erregung des verbalen und eine Hemmung des motorischen Systems, entsteht ein psychischer Konflikt, eine Dissonanz zwischen der sprachlichen und der Bewegungsreaktion. Häufig drückt dann das Kind auf den Knopf, während es «nein» sagt. Ein einheitliches funktionelles System zur Steuerung der motorischen Prozesse bildet sich erst einige Monate später heraus; besonders wenn ein spezielles Training durchgeführt wird, das auf die Bedeutung der Wörter abgestellt ist. Eine motorische Tätigkeit wird dann durch den Sinn des Gesagten bestimmt und stellt nicht länger eine einfache Reaktion auf Sprechgeräusche dar. Damit hatten wir unter speziellen Laborbedingungen modellhaft nachvollzogen, wie sich die Sprache des Kindes zur Instanz der Verhaltenssteuerung entwickelt.

Dieser Übergang erfolgt bei Kindern zwischen dem dritten und dem vierten Lebensjahr. Einen genauen Zeitpunkt anzugeben fällt schwer, weil methodische Details ebenso eine Rolle spielen wie die individuellen Besonderheiten des Kindes; darüber hinaus ist das neue funktionelle System zunächst noch sehr anfällig. Eine Vielzahl von Untersuchungen, die in anderen Ländern durchgeführt wurden, bestätigten unsere Schlußfolgerungen zwar grundsätzlich, jedoch nicht in allen Details. Diese Diskrepanzen lassen sich nur durch methodische Abweichungen erklären. Wichtiger als die genaue Altersangabe ist aber nach meiner Meinung die entwicklungslogische Abfolge der Veränderungen. Ohnehin handelt es sich bei diesen Versuchen lediglich um experimentell aufgestellte Labormodelle zur Ausbildung der sprachlichen Verhaltenssteuerung.

Bei Kindern treten zwei Hauptformen geistiger Beeinträchtigung auf, wenn man von den durch lokale Hirnläsionen verursachten Syndromen absieht. Der eine Typ wird als «allgemeine Asthenie» bezeichnet und ist in aller Regel Folge von Unterernährung und bestimmten somatischen Erkrankungen. Kinder mit allgemeiner Asthenie zeigen eine verzögerte geistige Entwicklung. Erst der zweite Typ ist eine geistige Retardierung im eigentlichen Sinne. Sie wird durch vorgeburtliche Vergiftung des Gehirns, angeborene Traumen oder in einigen Fällen auch durch Vererbung verursacht. Weil aber diese beiden Formen oft dieselben Symptome zeigen, sind sie nicht leicht auseinanderzuhalten. Wir versuchten, unser experimentelles Entwicklungsmodell der sprachlichen Selbststeuerung für die Differentialdiagnose dieser zwei Typen zu nutzen. Bei Kindern mit allgemeiner Asthenie vermuteten wir, daß die Störungen sich aus der Dysfunktion des niederen, «natürlichen» Niveaus ergeben. In diesem Fall müßte die Neurodynamik des Bewegungssystems stärker gestört sein als die des höheren, sprachlichen Systems. Dies müßte sich daher zur Überwindung der neurodynamischen Insuffizienzen einsetzen lassen.

Im Gegensatz dazu dürften bei Kindern mit einer geistigen Retardierung des zweiten Typs die höheren Funktionen einschließlich des Sprachsystems stärker in Mitleidenschaft gezogen sein als die niederen. Deshalb konnte in diesen Fällen die Sprache kein Mittel zur Reorganisation des Verhaltens oder zur Kompensation der Ausfälle sein.

Anfang der fünfziger Jahre begannen wir mit der systematischen Forschung zu dieser Art der Differentialdiagnostik, und es dauerte viele Jahre, bis sie abgeschlossen werden konnte. Eine Bilanz dieser Arbeit enthält die zweibändige Monographie über Probleme der höheren Nerventätigkeit des normalen und anomalen Kindes (Lurija 1956 und 1958).

Chomskaja fand in diesem Zusammenhang heraus, daß Kinder mit allgemein-asthenischem Syndrom eindeutige neurodynamische Störungen dann entwickelten, wenn sie motorisch auf einen Reiz reagieren sollten; forderte man sie dagegen auf, sprachlich zu reagieren, waren vergleichbare Schwierigkeiten nicht festzustellen. Wurde ihnen ein positiver Reiz mehrmals dargeboten, reagierten sie beharrlich mit der gleichen Bewegung, auch wenn der positive von einem negativen Stimulus abgelöst wurde und umgekehrt. Sie antworteten jedoch richtig mit «ja» und «nein», unabhängig von der Reihenfolge der Reize. Mit unserem Ansatz, das Sprachsystem zur Stabilisierung der Bewegungssteuerung zu nutzen, lagen wir richtig. Es stellte sich heraus, daß die betroffenen Kinder bei der Kopplung von verbalen und motorischen Reaktionen häufiger adäquat auf das Signal reagierten.

Die Untersuchung von Kindern des zweiten Typs führte zu völlig anderen Resultaten. Unsere Gruppe, der unter anderen Meschtscherjakow*, Ljubowskij und Marzinowskaja angehörten, fand heraus, daß die neurodynamischen Störungen bei diesen Kindern in derselben Form sowohl im Bewegungs- als auch im Sprachsystem auftraten. Die Kopplung der verbalen und motorischen Reaktionen konnte deshalb nicht zur Verbesserung beitragen, sondern führte gewöhnlich zu einem völligen Zusammenbruch auf beiden Ebenen.

Diese Beobachtungen wurden unter künstlichen Laborbedingungen gemacht. Um Verzerrungen auszuschließen, führten wir deshalb Ende der fünfziger Jahre eine Versuchsreihe in Kinderkrippen durch.

Dort stellten wir fest, daß ein- bis anderthalbjährige Kinder Instruktionen nur dann folgen können, wenn sie unmittelbar mit der Nahrungsaufnahme zu tun haben. Selbst in diesem Fall aber sind die Intonation und die Einbettung in die Gesamtsituation entscheidend für die Verhaltenssteuerung, nicht die Bedeutung der Wörter. Dieses Phänomen läßt sich beispielsweise beobachten, wenn sich ein Kind neben einem Tisch aufhält, auf dem Spielzeuge liegen. Die Instruktion «Gib mir bitte den Fisch» kann zwar eine Reaktion auslösen, aber sie programmiert noch nicht das Verhalten des Kindes. Vielleicht richtet es den Blick auf den Fisch und beginnt seine Hand nach ihm auszustrecken, aber es wird die Bewegung sofort abbrechen, wenn seine Aufmerksamkeit abgelenkt wird. Ein Kind orientiert sich vornehmlich an Gegenständen, die sich in seiner Nähe befinden und bunt, leuchtend, auffällig oder neu sind. Es steht noch völlig unter der Kontrolle der physischen Situationsmerkmale. Wir wollten aufzeigen, wie Instruktionen zunächst mit dem Einfluß der unmittelbaren Situation in Konflikt geraten und wie sie schließlich zu dominieren beginnen.

Unsere Experimente waren einfach aufgebaut. Wir stellten zwei Gegenstände – eine Tasse und einen Holzbecher – auf einen Tisch. Vor den

* Alexander Iwanowitsch Meschtscherjakow, sowjetischer Neuropsychologe, in den fünfziger Jahren enger Mitarbeiter Lurijas, übernahm 1960 nach dem Tod I. Sokoljanskijs die Leitung des Laboratoriums zur Erforschung gehörloser Blinder am Institut für Defektologie der Akademie der Pädagogischen Wissenschaften der RSFSR und richtete 1963 in der Stadt Sagorski ein Heim für gehörlos-blinde Kinder ein. Er veröffentlichte 1974 eine Monographie über die Entwicklung des Denkens und Handelns gehörlos-blinder Kinder.

Augen des Kindes ließen wir eine Münze in die Tasse fallen. Dann fragten wir: «Wo ist die Münze?» Kinder im Alter von ein bis anderthalb Jahren streckten zwar zunächst ihre Hand nach der Tasse aus, ihre Orientierungsreaktion aber war so stark, daß sie meist doch beide Gegenstände ergriffen. Instruktionen werden erst bei Kindern von ungefähr zwei Jahren wirksam.

Wir wollten ferner wissen, ob Kinder, die die Anweisungen richtig ausgeführt hatten, sich auch nach einer kurzen Unterbrechung an die Aufgabe erinnerten. Zwischen dem Zeitpunkt, da wir die Münze in die Tasse warfen und die Kinder zum Suchen aufforderten, und dem Moment, in dem wir das Suchen erlaubten, machten wir eine Pause von zehn bis fünfzehn Sekunden. Es zeigte sich, daß die jüngsten Kinder der Aufgabe überhaupt nicht gewachsen waren: Sie vermochten die Instruktion nur ohne zeitliche Verzögerung zu befolgen; lag eine Pause dazwischen, büßte die Instruktion ihre Rolle als Steuerungsmechanismus ein, und die Kinder griffen sofort nach beiden Gegenständen. Etwas ältere Kinder dagegen konnten ihr Verhalten auch dann noch steuern, wenn eine kurze Pause eingeschoben wurde.

Unsere Beobachtungen bezogen sich in beiden Fällen auf die Kopplung von Anweisungen und unmittelbaren Reizen. Das Kind sieht, wohin die Münze gelegt wird, und es hört die Instruktion. Aber was würde geschehen, wenn wir diese Faktoren voneinander isolierten? Könnte das Kind die Instruktion auch dann noch befolgen? Zwischen Kind, Tasse und Becher schoben wir eine Schirmwand, so daß das Kind nicht sehen konnte, wohin die Münze gelegt wurde. Dann gaben wir die Anweisung: «Die Münze ist in der Tasse. Bitte finde die Münze.»

Kinder im Alter von eineinhalb bis drei Jahren, die die Aufgabe in den vorausgegangenen Versuchsreihen ohne Schwierigkeiten gelöst hatten, konnten die bloße Instruktion ohne Hilfe des visuellen Reizes nicht befolgen. Sie gerieten in Verwirrung und griffen oft gleichzeitig nach Tasse und Becher. Erst wenn sie ungefähr dreieinhalb Jahre alt waren, begann die Anweisung eine Steuerungsfunktion zu übernehmen.

Als nächstes analysierten wir die Stabilität der Steuerungsfunktion mittels zweier Verfahren: Wir konstruierten erstens Situationen, in denen die Anweisung mit der vorgängigen Erfahrung des Kindes in Konflikt geriet, und ließen zweitens die Information in Widerspruch zum visuellen Reiz geraten. Um eine Konfliktsituation des ersten Typs herbeizuführen, legten wir die Münze zunächst drei- bis viermal in die

Tasse, dann aber in den Becher. Ob mit oder ohne Schirm – die Kinder waren nicht imstande, die Münze zu finden, und zeigten weiterhin auf die Tasse. Erst mehrere Monate später konnten sie diese Aufgabe lösen.

Der Konflikt des zweiten Typs erwies sich als noch komplizierter. Wir sagten zweieinhalb- bis dreieinhalbjährigen Kindern: «Wenn ich die Faust zeige, dann hebst du einen Finger» oder «Wenn ich einen Finger hebe, dann zeigst du die Faust». Den jüngsten Kindern fiel es bereits schwer, diese Instruktion zu wiederholen; oft vereinfachten sie sie. Drei- bis Dreieinhalbjährige wiederholten die Aufgabe zwar richtig, konnten sie aber nicht ausführen. Zeigte der Versuchsleiter die Faust, ahmten sie ihn nach, statt den Finger zu heben, und umgekehrt, wobei sie die Diskrepanz zwischen der Instruktion und ihrem Handeln gar nicht bemerkten. Nur bei den älteren Kindern offenbarten sich bisweilen Anzeichen eines Konflikts. Als Reaktion auf die Faust des Versuchsleiters hoben sie richtig den Finger; doch dann wurden sie unsicher und zeigten die Faust. Erst im fünften Lebensjahr sind Kinder in der Lage, Anweisungen zu folgen, die im Widerspruch zu dem stehen, was sie sehen.

Ich weiß, daß unsere Beobachtungen vorläufigen Charakter haben und daß es notwendig ist, dieses Thema zu vertiefen. Dennoch hat sich unsere methodische Verbindung von Labormodellen und Verhaltensbeobachtung in natürlicher Umgebung als außerordentlich fruchtbar erwiesen.

Störungen der Hirnfunktionen

In der Erforschung der höheren psychischen Funktionen verfolgten wir zwei Strategien: Zum einen untersuchten wir die Entwicklung dieser Funktionen, zum anderen den Prozeß ihres Abbaus infolge lokaler Hirnläsionen. Auf diesen zweiten Weg hatte Wygotskij erstmals Mitte der zwanziger Jahre hingewiesen. Zu jener Zeit war weder die Struktur der Prozesse selbst noch die funktionelle Organisation des Gehirns ausreichend bekannt.

Bis dahin herrschten zwei entgegengesetzte Erklärungsmodelle zur Funktionsweise des Gehirns vor. Auf der einen Seite versuchten die Vertreter der Lokalisationstheorie, jede psychische Funktion einem bestimmten, eng begrenzten Areal des Gehirns zuzuordnen; auf der anderen Seite gingen die Holisten davon aus, daß stets das Gehirn insgesamt für die im Verhalten sich manifestierenden psychischen Funktionen verantwortlich sei. Nach dieser Sehweise bestimmte nicht der Ort, sondern der Umfang der Hirnschädigung den Charakter eines Ausfalls.

Die ersten wissenschaftlichen Studien zur Störung komplexer psychischer Prozesse infolge klinisch erfaßbarer Gehirntraumen stammen aus dem Jahr 1861, als der französische Anatom Paul Broca * das Gehirn eines Kranken beschrieb, der nicht sprechen konnte, obwohl er alles verstand. Nach dem Tod des Patienten war Broca in der Lage, präzise Untersuchungen der geschädigten Hirnregion durchzuführen. Er zeigte als erster auf, daß die Sprachmotorik, das heißt die motorische Koordination der Artikulation von Lauten, mit dem hinteren Drittel des linken unteren Stirnlappens zusammenhängt. Broca behauptete, diese Region sei das «Zentrum der motorischen Wortbildung» und eine Störung derselben beeinträchtige auf spezifische Art das sprachliche Äußerungsvermögen. Er bezeichnete

* Paul Broca (1824–1880), französischer Anatom, Chirurg und Anthropologe, hat erstmals den Zusammenhang zwischen der Sprachmotorik (Sprechen) und der für die Sprachmotorik zuständigen Hirnregion («Broca-Zentrum») anatomisch nachgewiesen.

diese Störung als «Aphemie»; später wurde sie unter dem Namen «Aphasie» bekannt, den sie noch heute trägt. Die Entdeckung Brocas stellte den ersten Fall dar, bei dem eine derart komplexe psychische Funktion wie das Sprechen aufgrund klinischer Beobachtungen genau lokalisiert werden konnte. Seine Studien ermöglichten es Broca außerdem, erstmals funktionelle Unterschiede der linken und der rechten Großhirnhemisphäre zu beschreiben.

Auf die Entdeckung Brocas folgte die des deutschen Nervenarztes Karl Wernicke*. 1874 veröffentlichte er einige Fallbeschreibungen von Patienten, bei denen das hintere Drittel der linken oberen Schläfenwindung verletzt worden war, was zu einem Verlust ihrer Fähigkeit geführt hatte, Gesprochenes zu verstehen. Wernicke bezeichnete diese Zone als «Zentrum der sensorischen Wortbildung» oder als «Zentrum des Sprachverständnisses».

Die Entdeckungen Brocas und Wernickes riefen in der Neurologie großen Enthusiasmus hervor. Innerhalb kurzer Zeit wurde eine ganze Reihe von Gehirnzentren gefunden: zum Beispiel das «Verstehenszentrum» in der linken unteren Scheitelregion und das «Schreibzentrum» im vorderen Teil des linken mittleren Frontallappens. In den Jahren um 1880 begannen Neurologen und Psychiater sogenannte «Funktionskarten» der Großhirnrinde zu erstellen. Das Problem der Beziehung zwischen dem Aufbau des Gehirns und der psychischen Tätigkeit schien gelöst.

Von Anfang an gab es jedoch einige Wissenschaftler, bei denen der strikte Lokalisationismus auf Ablehnung stieß. Unter ihnen ragt der englische Neurologe John Hughlings Jackson** heraus. Er vermutete, daß

* Karl Wernicke (1848–1905), deutscher Nervenarzt, veröffentlichte 1874 die bedeutsame Arbeit ‹*Der aphasische Symptomencomplex: Eine psychologische Studie auf anatomischer Basis*›, in der die für das Verstehen sprachlicher Äußerungen zuständige Hirnregion identifiziert wurde. Hat später einen Grundriß der Psychiatrie und einen Atlas des Gehirns publiziert.

** John Hughlings Jackson (1834–1911), britischer Neurologe und Augenarzt, war am London Hospital tätig, veröffentlichte innovative Arbeiten über verschiedene Hirnkrankheiten. Einige seiner teils in entlegenen Zeitschriften erschienenen Beiträge über Sprechfunktionen, Ausfälle des Sprechens und Sprachverstehens usw. wurden nach seinem Tod in der Zeitschrift *Brain* (Band 38, 1915, S. 1–190) unter dem Titel «Hughlings Jackson on aphasia and kindred affections of speech, together with a complete bibliography of his publications on speech and a reprint of some of the more important papers» erneut veröffentlicht.

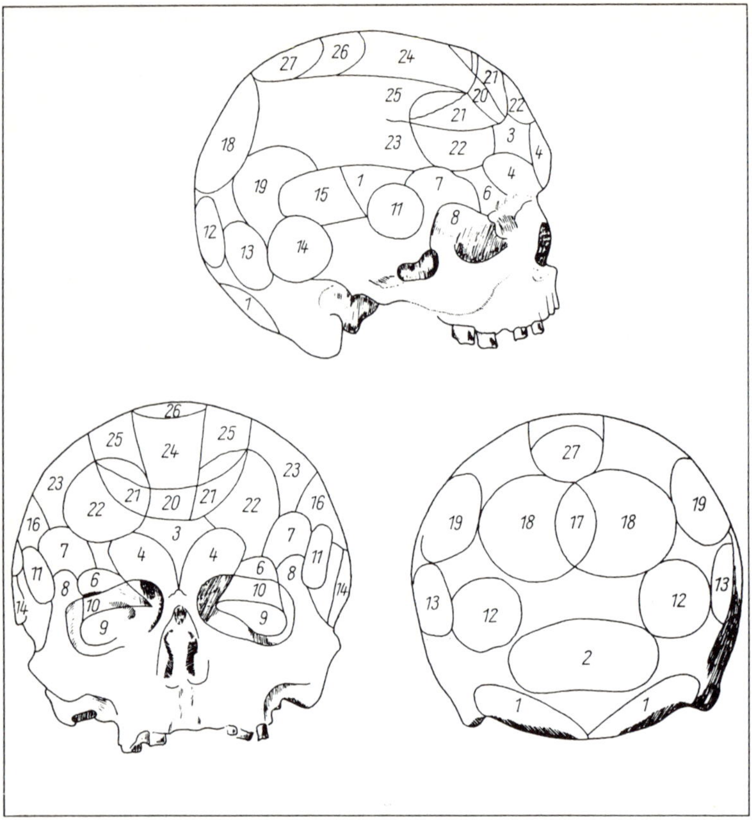

Phrenologische Karte zur Lokalisation psychischer Vermögen (nach Gall): 1 das Organ des Geschlechtstriebes, 2 das Organ der Kinder- und Jugendliebe, 3 das Organ der Erziehungsfähigkeit, 4 das Organ des Ortssinns, 5 das Organ des Personensinns (in den Augenhöhlen), 6 das Organ des Farbensinns, 7 das Organ des Tonsinns, 8 das Organ des Zahlensinns, 9 das Organ des Wortsinns (in den Augenhöhlen), 10 das Organ des Sprachsinns (ebd.), 11 das Organ des Kunstsinns, 12 das Organ der freundschaftlichen Anhänglichkeit, 13 das Organ des Raufsinns, 14 das Organ des Mordsinns, 15 das Organ der Schlauheit, 16 das Organ des Diebsinns, 17 das Organ des Höhensinns, 18 das Organ der Ruhmsucht und Eitelkeit, 19 das Organ der Bedächtlichkeit, 20 das Organ des vergleichenden Scharfsinns, 21 das Organ des Tiefsinns, 22 das Organ des Witzes, 23 das Organ des Induktionsvermögens, 24 das Organ der Gutmütigkeit, 25 das Organ des Darstellungsvermögens, 26 das Organ der Theosophie, 27 das Organ der Festigkeit.

die zerebrale Organisation psychischer Prozesse von der Komplexität dieser Prozesse abhängt. Jackson stützte sich auf Beobachtungen, die der Lokalisationstheorie Brocas völlig zu widersprechen schienen. Er hatte nämlich festgestellt, daß begrenzte Schädigungen einzelner Hirnregionen niemals einen gänzlichen Funktionsausfall zur Folge haben. So konnte beispielsweise ein Kranker die Bitte «Sagen Sie das Wort ‹nein›» nicht erfüllen, kurze Zeit später jedoch in anderem Zusammenhang antworten: «Nein, Doktor, ich kann das nicht tun.»

Die Erklärung dieser paradoxen Erscheinungen, in denen die Äußerung eines Wortes zugleich möglich und unmöglich ist, fand Jackson in komplexen «vertikalen» Organisationen der psychischen Funktionen. Danach wird jede Funktion auf drei Ebenen repräsentiert: auf der «unteren» Ebene des Rückenmarks oder des Stammhirns, auf der «mittleren», sensorischen oder motorischen Ebene der Großhirnrinde und schließlich auf der «höheren» Ebene der Stirnlappen.

Jackson empfahl die sorgfältige Untersuchung der Ebene, auf der sich die jeweilige Funktion abspielt, nicht ihre Lokalisation in einer bestimmten Hirnregion.

Seine Hypothese, die großen Einfluß auf unsere Arbeit hatte, wurde erst etwa fünfzig Jahre später gebührend gewürdigt, als sie in den Arbeiten von Neurologen wie Arnold Pick, Constantin von Monakow, Henry Head und Kurt Goldstein * erneut erwähnt wurde. Ohne in Abrede zu

* *Arnold Pick* (1851–1924), österreichisch-tschechischer Neurologe, lehrte ab 1887 in Prag. *Constantin (oder Konstantin) von Monakow* (1853–1930), russisch-schweizerischer Nervenarzt, Professor für Nervenkrankheiten, Hirnpathologie und Hirnanatomie in Zürich, veröffentlichte unter anderem 1887 eine Studie über Hemianopsie und Alexie und 1897 eine Arbeit über Gehirnpathologie. *Henry Head* (1861–1940), britischer Neurologe, untersuchte Aufbau und Funktionen der Sensibilität und der höheren psychischen Funktionen; seine zweibändige Monographie ‹*Aphasia and Kindred Disorders of Speech*› erschien 1926 in Cambridge. *Kurt Goldstein* (1878–1965), deutscher Psychiater, Neurologe und Psychologe, der Gestaltpsychologie nahestehend, ging nach der Machtergreifung der Nationalsozialisten nach New York ins Exil. Er vertrat den Standpunkt, jede Gattung psychischer Prozesse hänge zwar mit bestimmten Hirnregionen zusammen, doch setze die Verwirklichung derartiger Prozesse jeweils die Tätigkeit des gesamten Gehirns voraus, so daß eine strikte Lokalisierung höherer psychischer Funktionen nicht zu erzielen sei. Goldstein gab in den zwanziger Jahren mit Adhemar Gelb verschiedene psychologische Fallstudien hirnpathologischer Fälle heraus. Sein Hauptwerk ‹*Der Aufbau des Organismus*› erschien 1934 in den Niederlanden.

stellen, daß elementare psychische «Funktionen» wie Sehvermögen, Gehör, Hautsensibilität und Bewegung in wohlumschriebenen Zonen des Gehirns repräsentiert werden, bezweifelten diese Wissenschaftler doch, daß das Prinzip der strikten Lokalisation auf die komplexen Formen der psychischen Tätigkeit des Menschen anwendbar sei. Jacksons Schlußfolgerungen unterschlagend, behandelten sie dieses Problem vom genau entgegengesetzten Standpunkt. So versuchte von Monakow mit dem verschwommenen Begriff vom «semantischen Charakter des Verhaltens» weiterzukommen, und Goldstein sprach von «abstrakter und kategorialer Einstellung». Diese Wissenschaftler betrachteten die komplexen psychischen Prozesse entweder als Ergebnis der gesamten Gehirnaktivität oder trennten sie gänzlich von der Struktur des Gehirns ab und schrieben sie einer «geistigen Wesenheit» zu.

Für uns bot keine dieser beiden Positionen eine hinreichende wissenschaftliche Grundlage. Wir lehnten die holistischen Theorien ab, da wir es für absurd hielten, den alten Dualismus von Geist und Gehirn zu vertreten und die Möglichkeit zu negieren, eine materielle Basis des Denkens zu finden. Entsprechend unannehmbar schien uns die Idee, nach der das Gehirn eine homogene undifferenzierte Masse sei, die in allen Bereichen gleich funktioniere. Nicht weniger jedoch lehnten wir die Theorie der strikten Lokalisation ab. In diesem Zusammenhang erkannten wir vor allem die Notwendigkeit, den Begriff *Funktion* genauer zu bestimmen.

Die Mehrheit der Forscher, die sich mit der Lokalisierung elementarer kortikaler Funktionen befaßten, verstand darunter «Funktionen eines speziellen Gewebes». Wie die Gallensekretion als Funktion der Leber gilt und die Insulinausschüttung als Funktion der Bauchspeicheldrüse, so mag es logisch erscheinen, die Lichtwahrnehmung als Funktion der lichtempfindlichen Bestandteile der Netzhaut und der mit ihr verbundenen hochspezialisierten Neuronen der Sehrinde zu betrachten. Aber eine solche Definition erfaßt nicht alle Aspekte des Begriffs «Funktion».

Die Hauptaufgabe der Atmung beispielsweise besteht darin, den Lungen Sauerstoff zuzuführen und seine Weiterleitung durch die Alveolenwände ins Blut sicherzustellen. Dieser gesamte Prozeß verwirklicht sich nicht als einfache Funktion eines bestimmten Gewebes, sondern als ganzheitliches funktionelles System, das die unterschiedlichen Ebenen des Sekretions-, Bewegungs- und Nervenapparats umfaßt. Ein solches «funktionelles System» – dieser Terminus wurde 1935 von Pjotr Anochin * eingeführt – zeichnet sich nicht nur durch seinen komplexen Aufbau aus, sondern auch durch die Plastizität seiner Bestandteile. Die Anfangsaufgabe der Atmung (die Wiederherstellung der gestörten Homöostase) und ihr Ergebnis (die Zuführung von Sauerstoff zu den Lungenalveolen) bleiben eindeutig invariant. Doch die Art und Weise der Umsetzung kann erheblich variieren. Sobald zum Beispiel das Zwerchfell (die Muskelgruppe, die hauptsächlich die Atmung aufrechterhält) aus irgendeinem Grund ausfällt, werden die Muskeln des Interkostalraums eingeschaltet; sind auch diese Muskeln aus irgendeinem Grund geschädigt, wird die Kehlkopfmuskulatur mobilisiert, und der Mensch (oder das Tier) beginnt, Luft zu schlucken, die dann auf einem völlig anderen Weg die Lungenalveolen erreicht. Die Existenz einer konstanten Aufgabe, die mit Hilfe variabler Mechanismen ausgeführt wird, ist eine der grundlegenden Besonderheiten eines funktionellen Systems.

Das zweite Kennzeichen besteht in einem komplexen strukturellen Aufbau, der immer eine Reihe afferenter (zuleitender) und efferenter (ableitender) Impulse umfaßt. Dieser Strukturzusammenhang zeigt sich zum Beispiel an der Funktion der Bewegung, die der sowjetische Physiologe und Mathematiker Nikolaj Bernstein ** ausführlich analysiert hat. Die Bewegungen eines Menschen, der beabsichtigt, von einem Ort wegzugehen, an einen beliebigen Punkt zu gelangen oder eine bestimmte Handlung auszuführen, können nie einfach mittels efferenter motorischer Impulse ausgeführt werden, weil sein Bewegungsapparat mit den beweglichen Gelenken viele Freiheitsgrade aufweist und weil unterschiedliche Gelenk- und Muskelgruppen an jeder Bewegung beteiligt sind, wobei jedes Stadium der Bewegung den ursprünglichen Muskeltonus verändert. Erforderlich ist daher eine ständige Korrektur durch afferente Impulse, die das Gehirn über die Lage der Körperteile im Raum und über die Veränderung des Muskeltonus informieren. Erst dieser Aufbau ermöglicht es, die Aufgabe mit unterschiedlichen Mitteln unter beliebi-

* Pjotr Kusmitsch Anochin (1898–1974), Mitarbeiter Pawlows und Vertreter eines «liberalen» systemtheoretischen Pawlowismus, forschte über Probleme des bedingten Reflexes, beschäftigte sich zudem seit Mitte der zwanziger Jahre mit der philosophisch-materialistischen Fundierung der Theorie funktioneller Systeme.

** Nikolaj Alexandrowitsch Bernstein (1896–1966), sowjetischer Neurobiologe, war mit Wygotskij und Lurija eng befreundet, veröffentlichte 1926 eine Monographie über die allgemeine Biomechanik und 1947 sein Hauptwerk ‹*Über den Aufbau der Bewegung*›.

gen Umständen zu erfüllen. Die Tatsache, daß jede Bewegung den Charakter eines komplexen funktionellen Systemzusammenhangs hat und daß viele ihrer Elemente austauschbar sind, ist offensichtlich, da ein und dasselbe Ergebnis auf verschiedenen Wegen erreichbar ist.

In den Versuchen Walter Hunters fand eine Ratte ihr Ziel in einem Labyrinth, indem sie immer einen bestimmten Weg zurücklegte. Als man einen Teil des Labyrinths durch Wasser ersetzte, führte sie Schwimmbewegungen aus. In den Versuchen Karl Lashleys veränderte eine Ratte, die darauf trainiert war, einen bestimmten Weg zurückzulegen, radikal die Struktur ihrer Bewegungen, nachdem man ihr Kleinhirn entfernt hatte. Sie konnte nicht mehr normal laufen und erreichte dennoch ihr Ziel, indem sie sich kopfüber nach vorn bewegte. Diese Austauschbarkeit der Bewegungen ist bei jeder lokomotorischen Handlung des Menschen zu beobachten. Das Werfen auf ein Ziel kann in ganz verschiedenen Abläufen von Bewegungssequenzen erfolgen, je nach Ausgangslage des Körpers. Man kann mit dem Bleistift oder mit dem Füllfederhalter schreiben, mit der rechten, mit der linken Hand oder sogar mit dem Fuß, und keine dieser Handlungen wirkt sich auf die Bedeutung des Geschriebenen aus.

Dieser systemische Aufbau charakterisiert die komplexen Formen der psychischen Tätigkeit genauso wie einfache Verhaltensabläufe. Es läßt sich mit Fug und Recht behaupten, daß elementare Funktionen wie etwa die Lichtempfindlichkeit der Netzhaut unmittelbar an einen bestimmten Zelltyp gebunden sind. Dagegen erschien uns die Annahme unsinnig, komplexe Funktionen ebenso einer eng begrenzten Zellgruppe oder Hirnrindenregion zuzuordnen. Unser Ansatz erforderte es, die Theorien der Lokalisation, wie sie Anfang des Jahrhunderts entwickelt worden waren, einer grundlegenden Revision zu unterziehen.

Gestützt auf die Vorstellungen von der Struktur der höheren psychischen Funktionen, zu denen wir gemeinsam mit Wygotskij und in unserer Arbeit mit Kindern gekommen waren, folgerten wir, daß diese Funktionen komplexe funktionelle Systeme darstellen, die sich durch ihren Aufbau vermitteln. Sie umfassen auch im Verlauf der menschlichen Entwicklung entstandene Symbole und Werkzeuge. Die zerebrale Organisation der höheren psychischen Funktionen muß sich deutlich von allem unterscheiden, was bei Tieren beobachtet wurde. Weil außerdem für die Entwicklung des menschlichen Gehirns Jahrmillionen erforderlich waren, während die Menschheitsgeschichte nur einige tausend Jahre um-

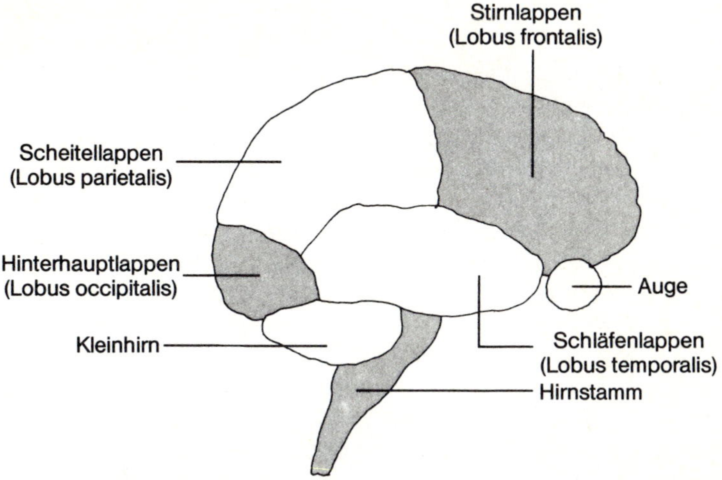

Großhirnrinde (Kortex)

faßt, muß eine Theorie der zerebralen Organisation der höheren psychischen Funktionen Prozesse wie das Schreiben, das Lesen, das Rechnen erklären – Prozesse also, die von externen, historisch bedingten Faktoren abhängen. Wygotskij glaubte, daß sein historischer Ansatz für die Entwicklung psychischer Prozesse wie das aktive Gedächtnis oder das abstrakte Denken auch zur Erfassung der Grundlagen ihrer zerebralen Organisation geeignet war.

Seine Entwicklungstheorie der höheren psychischen Funktionen bei Kindern veranlaßte ihn zu der weitergehenden Schlußfolgerung, daß sich die Rolle einer Hirnregion im Laufe der Entwicklung des Individuums verändert. Unsere Studien hatten gezeigt, daß sich jede komplexe bewußte psychische Tätigkeit nach und nach aufbauen muß. In den ersten Etappen bedarf das komplexe Denken einer Reihe äußerer Hilfsmittel; erst später automatisieren sich die logischen Operationen und werden zu «geistigen Fähigkeiten». Es stand zu vermuten, daß sich während der Entwicklung nicht nur die funktionelle Struktur des Denkens, sondern auch seine zerebrale Organisation verändert. Die Beteiligung der akustischen und optischen Regionen der Hirnrinde (Kortex) ist auf den frühen Stufen der Erkenntnistätigkeit wesentlich; das ändert sich aber, sobald das Denken auf der gemeinsamen Tätigkeit verschiedener Systeme der Hirnrinde zu beruhen beginnt. Die sensorischen Kortexregionen bilden beim Kind beispielsweise die Grundlage, auf der sich die Erkenntnisprozesse und die Sprache entwickeln. Bei einem Erwachsenen aber, der über eine entwickelte Sprache und komplizierte Erkenntnisprozesse bereits verfügt, hängt die Erkenntnisfähigkeit in weit geringerem Maße vom sensorischen Informationsfluß ab. So erklärte Wygotskij, warum eine begrenzte Läsion der Hirnrinde unterschiedliche Folgen hat, je nachdem, wann sie eintritt. Eine Schädigung des optischen sensorischen Kortex während der frühen Kindheit führt stets zur Unterentwicklung der Erkenntnis- und Denkfähigkeit, während sie im Erwachsenenalter durch den Einfluß der bereits herausgebildeten höheren funktionellen Systeme kompensiert werden kann.

Unsere ursprünglichen Vorstellungen von der Gehirntätigkeit standen unter dem Einfluß des britischen Neurologen Henry Head. Dieser hatte die Aphasieforschung des 19. und des beginnenden 20. Jahrhunderts aufgearbeitet und eine reizvolle Interpretation des wechselseitigen Verhältnisses von Sprach- und Denkstörungen vorgeschlagen. In seiner klassischen Monographie über Aphasie zog er die Schlußfolgerung, daß funktionelle Sprachstörungen das Denken beeinträchtigen. Head meinte, Aphasie führe zu einer Minderung des Intellekts, weil sich das Denken statt auf die Sprache auf primitive und unmittelbare Verknüpfungen zwischen Gegenständen und Handlungen stützen müsse. Als Beispiel beschrieb er einen Aphasiekranken, der einen Gegenstand, den man ihm gezeigt hatte, leicht mit einem ähnlichen vor ihm auf dem Tisch liegenden identifizieren konnte. Forderte man ihn dagegen auf, jeweils zwei Gegenstände auf dem Tisch wiederzuerkennen, hatte er große Probleme.

Head erklärte diese Schwierigkeiten damit, daß der Kranke angesichts zweier Objekte versuche, sich vermittels der sie bezeichnenden Wörter an sie zu erinnern. Es handele sich daher um eine symbolische, keine direkte Form des Wiedererkennens. An anderer Stelle unterstrich Head in Einklang mit unserer Theorie, daß ein Tier oder sogar ein Mensch unter bestimmten Umständen dazu neigt, auf die Gefühls- oder Wahrnehmungsaspekte einer Situation zu reagieren, daß uns aber sprachliche Symbole die Möglichkeit geben, diese Aspekte zu analysieren und unser Verhalten entsprechend zu steuern.

Die Beweisführung dieses anerkannten Experten im Bereich der Gehirnforschung stimmte derart mit unseren Ergebnissen zur Unterscheidung vermittelter und natürlicher Prozesse überein, daß wir zunächst meinten, Aphasie zerstöre die Sprache – das wichtigste Medium der Analyse und Verallgemeinerung von Erfahrung – und bringe auf diese Weise einen Menschen dazu, natürlich und unmittelbar zu agieren. Unsere Vermutungen wurden durch die Ausführungen Paul Guillaumes und Ignace Meyersons * gestützt, die behaupteten, daß ihre Aphasiker Aufgaben wie Kleinkinder lösten. Doch erwies sich diese Auffassung als falsch, wie eine Vielzahl späterer Arbeiten zur Aphasie zeigt. Wir hatten sowohl das Wesen der Aphasie als auch die intellektuellen Prozesse eines Hirngeschädigten unzulässig vereinfacht. Am Anfang aber beeindruckten uns die Ideen Heads sehr, und sie untermauerten unsere Annahme, daß die Erforschung von Hirnschädigungen das Wesen der höheren psychischen Funktionen beim Menschen erhellen und ihre materielle Grundlage aufdecken könnte.

Unsere eigenen Forschungen begannen mit der Beobachtung von Parkinson-Patienten. Bei dieser Krankheit sind die subkortikalen Ganglien beeinträchtigt, was den Bewegungsfluß stört sowie das Phänomen der Hyperkinese hervorruft. Wir stellten fest, daß ein Tremor auftritt, sobald der Kranke eine beliebige Handlung auszuführen beginnt. Forderten wir beispielsweise die Patienten auf, im Zimmer umherzugehen, machten sie ein, zwei Schritte, woraufhin der Tremor einsetzte und sie nicht weiterzugehen vermochten.

Wir beobachteten aber das paradoxe Phänomen, daß dieselben Kranken, die auf ebenem Boden nicht einmal zwei Schritte tun konnten, dennoch in der Lage waren, eine Treppe hinaufzugehen. So nahmen wir an, daß in diesem Fall jede Stufe einen Reiz ausübt, auf den das motorische System des Patienten reagiert: Der automatisierte Bewegungsfluß des Gehens wird durch eine Kette isolierter motorischer Reaktionen ersetzt. Mit anderen Worten: Die Struktur der Bewegungstätigkeit wird reorga-

* *Paul Guillaume* (1878–1962), französischer Psychologe, ab 1932 Professor für Pädagogische Psychologie an der Sorbonne (Paris), stand der Gestaltpsychologie nahe, die er durch verschiedene Veröffentlichungen in seinem Land bekannt gemacht hat. Seine Monographie ‹*L'imitation chez l'enfant*› erschien 1925 in Paris, seine Abhandlung ‹*La formation des habitudes*› 1939 daselbst. *Ignace Meyerson*, französischer Psychologe, lehrte an verschiedenen französischen Hochschulen.

nisiert, wobei bewußte Reaktionen auf einzelne Signale das unbewußte, subkortikal organisierte System verdrängen.

Wygotskij nutzte ein einfaches Verfahren, um ein Labormodell einer derartigen Reorganisation zu konstruieren. Er legte Papierbögen auf den Boden und forderte die Kranken auf, über jeden einzelnen hinwegzusteigen. Es geschah etwas Erstaunliches: Ein Kranker, der selbständig nicht einmal zwei, drei Schritte gehen konnte, lief nun im Zimmer umher, indem er zwischen das Papier trat, als ob er eine Treppe bestieg. Auf der Grundlage des reorganisierten Bewegungssystems schien eine Kompensation der motorischen Störungen möglich zu sein. Die Tätigkeit verlagerte sich von der subkortikalen Ebene, auf der sich die Schädigung befand, auf die nicht betroffene kortikale Ebene.

Wir versuchten, nach dem gleichen Prinzip zu verfahren, um ein experimentelles Modell selbstgesteuerten Verhaltens zu entwerfen. Aber unsere Experimente waren sehr naiv und die Ergebnisse wenig überzeugend. Wir forderten einen Parkinson-Kranken auf, dreißig Sekunden lang an eine Tür zu klopfen. Er war außerstande, diese Aufgabe zu lösen, weil der Muskeltremor die Bewegungen blockierte. Derselbe Patient aber konnte etwas länger durchhalten, wenn wir ihn baten, auf verbale Signale des Versuchsleiters hin zu klopfen («eins», «zwei» etc.). Uns interessierte nun die Frage, was geschehen würde, wenn ein Parkinson-Kranker eigene Signale entwickeln könnte, um sich selbst zu stimulieren. Wir wählten das Augenzwinkern, weil Lidbewegungen vom Parkinsonismus weniger in Mitleidenschaft gezogen werden als das Gehen oder Arm- und Handbewegungen. Der Patient sollte mit den Augen zwinkern und nach jedem Zwinkern einen Gummiball drücken, mit dessen Hilfe die Bewegung aufgezeichnet wurde. Und es klappte: Kranke, die sonst unfähig waren, auch nur einige Male den Gummiball zu drücken, konnten nunmehr auf Kommando zwinkern und in Reaktion darauf den Gummiball drücken.

In der letzten Versuchsreihe mit Parkinson-Kranken nutzten wir das Sprechen zur Verhaltenssteuerung. Unsere ersten Versuche mißglückten. Die Kranken sprachen zwar die Instruktionen nach und begannen, den Gummiball zu drücken, doch sie wurden daran alsbald durch den Muskeltremor gehindert.

Darauf hin beschlossen wir, die motorische Handlung so zu reorganisieren, daß die entscheidende Stimulation von intellektuellen Prozessen ausging. Die motorische Reaktion sollte sich als Resultat eines intellektuellen Problems ergeben, das der Kranke im Kopf lösen und durch Klopfen mitteilen sollte. Die Fragen waren beispielsweise «Wie viele Ecken hat ein Quadrat?» oder «Wie viele Räder hat ein Auto?»

Wir beobachteten, daß sich die Struktur der motorischen Handlung unter diesen Bedingungen veränderte, obwohl der Spielraum der Bewegungen infolge der pathologischen Steigerung des Muskeltonus begrenzt blieb. Gaben wir dem Kranken einfach die Instruktion «Drücken Sie fünfmal», waren seine Bewegungen zunächst sehr stark, doch die Intensität der folgenden Bewegungen verringerte sich bei zunehmendem Tremor. Führte der Kranke seine Bewegungen dank eigener, im Kopf gefällter und als Signal wirkender Entscheidungen aus, trat kein Anzeichen einer derartigen Ermüdung auf.

Diese frühen experimentellen Untersuchungen waren ermutigend, doch machten sie gleichzeitig deutlich, wieviel wir noch lernen mußten, um den Zerfall der höheren psychischen Funktionen wirklich zu erfassen. Wir beschlossen daher, mit der Erforschung des Gehirns und seiner funktionellen Organisation zu beginnen. Statt experimenteller waren klinische Untersuchungen erforderlich, deren Erfolg aber von einem besseren Verständnis der Struktur höherer psychischer Funktionen abhängen würde – eine Forschungsrichtung, die sich zum damaligen Zeitpunkt noch im Anfangsstadium befand.

Beherzt entschied ich mich für die Immatrikulation an einem medizinischen Institut. Ich nahm meine medizinischen Studien dort wieder auf, wo ich sie Jahre zuvor in Kasan unterbrochen hatte. Auch Wygotskij begann ein Medizinstudium. Als Professoren an der einen Hochschule und als Studenten an einer anderen lehrten und lernten wir gleichzeitig und fuhren mit unseren Forschungen fort.

Anfang der dreißiger Jahre erhielten wir dann die Möglichkeit, unsere Arbeit auf eine aussichtsreiche Grundlage zu stellen. Man schlug uns vor, eine psychologische Abteilung an der Ukrainischen Akademie für Psychoneurologie in Charkow aufzubauen. Ich pendelte also zwischen Charkow und Moskau, Wygotskij zwischen Moskau, Leningrad und Charkow hin und her. Zunächst machte ich mich daran, ein neues Verfahren zur psychologischen Erfassung der Folgen lokaler Gehirntraumen zu entwickeln. Aber die Zeit reichte nicht, all meine Pläne zu verwirklichen. Mein Doppelleben dauerte bis 1936, als ich endgültig ans Institut für Experimentelle Medizin ging, um mich ausschließlich aufs Studium zu konzentrieren.

Unmittelbar nach der Abschlußprüfung am Ersten Medizinischen Institut in Moskau im Jahre 1937 bat ich Burdenko*, den bekannten Neurochirurgen und Leiter des Instituts für Neurochirurgie (das jetzt seinen Namen trägt), mich als Assistenzarzt aufzunehmen. Ich hatte die Absicht, Erfahrungen in praktischer Neurologie zu sammeln und gleichzeitig meine psychologischen Methoden zur Diagnose lokaler Hirnläsionen zu verfeinern. Ich weiß nicht, inwieweit Burdenko meine Pläne guthieß; aber offensichtlich erblickte er einen Vorteil in dem Umstand, einen Professor für Psychologie als Assistenzarzt zu beschäftigen, so daß er mich aufnahm.

Die zwei Jahre an diesem Institut waren die fruchtbarsten meines Lebens. Ich hatte keine Mitarbeiter, keine wissenschaftlichen Verpflichtungen – nichts außer meiner medizinischen Alltagsarbeit. Meine freie Zeit widmete ich eigenen Forschungen. Damals begann ich, einen eigenständigen Zugang zur Neuropsychologie lokaler Gehirntraumen zu gewinnen.

1939 nahm ich eine Stelle an der Neurologischen Klinik des Instituts für Experimentelle Medizin an, dem späteren Institut für Neurologie der Akademie der Medizinischen Wissenschaften der UdSSR, um dort das Laboratorium für experimentelle Psychologie zu leiten. Jetzt, nach vielen Jahren, sehe ich, daß dieser Wechsel ein Fehler war. Es wäre viel nützlicher gewesen, am Burdenko-Institut mit seinen dreihundert Betten und bei den Kranken zu bleiben, deren lokale Gehirntraumen durch Operationen oder durch Autopsie analysiert wurden. Aber die Zeit macht manchen Fehler gut. Während ich diese Zeilen schreibe, leite ich wieder ein Laboratorium am Burdenko-Institut.

In den Jahren 1937 bis 1941 beschäftigte ich mich erstmals ernsthaft mit Fragen der Neuropsychologie. Bald erkannte ich, daß ich die Prinzipien meiner Herangehensweise ändern mußte, wenn ich zu stichhaltigen medizinischen Ergebnissen gelangen wollte. Ein Wissenschaftler beginnt gewöhnlich mit dem Experimentieren, indem er ein bestimmtes Problem isoliert. Dann stellt er eine Hypothese auf und wählt Methoden zu ihrer

* Nikolaj Nikowitsch Burdenko (1876–1946), sowjetischer Neurologe und Neurochirurg, wurde 1910 zum Professor der Medizin an der Universität Tartu ernannt, war ab 1923 als Professor an der Universität Moskau tätig und übernahm 1929 die Leitung des Neurochirurgischen Instituts der Akademie der Medizinischen Wissenschaften der UdSSR.

Überprüfung. Er bemüht sich, seine Aufmerksamkeit den Tatsachen zu widmen, die diese Hypothese entweder bestätigen oder widerlegen, kann aber alle Daten außer acht lassen, die zur Lösung seines Problems nichts beitragen. In der klinischen Arbeit gilt das Gegenteil. Hier bildet nicht ein genau formuliertes Problem den Ausgangspunkt, sondern ein unbekannter Komplex von Problemen: der Kranke selbst. Der Kliniker beginnt mit einer sorgfältigen Beobachtung des Patienten, um die entscheidenden Fakten zu ermitteln. Er hat zunächst kein Recht, irgendwelche Daten unbeachtet zu lassen: Auch solche, die auf den ersten Blick keine Relevanz zu haben scheinen, können sich in der Folge als wesentlich erweisen. An einem bestimmten Punkt zeichnen sich dann die unscharfen Konturen einer ersten, vagen Hypothese ab. Zu diesem Zeitpunkt läßt sich jedoch noch nicht mit Bestimmtheit sagen, ob die Auswahl der Befunde richtig war. Erst wenn der Wissenschaftler eine ausreichende Zahl zueinander passender Symptome gesammelt hat, die gemeinsam ein «Syndrom» bilden, kann er seine Annahme als bestätigt oder widerlegt betrachten.

Zunächst fiel es mir schwer, mich von der vertrauten Logik der experimentellen Forschung zu lösen und zur klinischen überzugehen. Es kostete mich viel Zeit zu lernen, auf alle Tatsachen zu achten – auch auf die scheinbar unbedeutendsten. Diese Arbeit schien mehr mit der von Detektiven vergleichbar zu sein, die Spuren nachgehen, als mit den Methoden, die Psychologen und Physiologen in ihrer experimentellen Forschung verwenden. Darüber hinaus hielt ich es für notwendig, auf damals übliche psychologische Tests zur Messung der Intelligenz zu verzichten, denn ich hatte erkannt, daß etwa der Simon-Binet-Test und andere «Intellektmesser» weder die Zwecke erfüllen konnten, für die sie entwickelt worden waren, noch diejenigen, die wir vor Augen hatten.

Das erste Problem, das meine Aufmerksamkeit in Anspruch nahm, war das der verschiedenen Sprachstörungen, die unter dem Sammelbegriff «Aphasie» zusammengefaßt werden. Als ich mich diesem Komplex zuwandte, unterschied man drei Arten der Aphasie: die sensorische, die motorische und die semantische oder amnestische – wobei große Meinungsverschiedenheiten über die Lokalisation und den Charakter der spezifischen Sprachstörungen bestanden. Wir untersuchten zunächst die sogenannte «sensorische Aphasie». Sie wurde von verschiedenen Wissenschaftlern hauptsächlich mit Schädigungen der sekundären Felder des linken Schläfenlappens in Verbindung gebracht. Diese Erkrankung er-

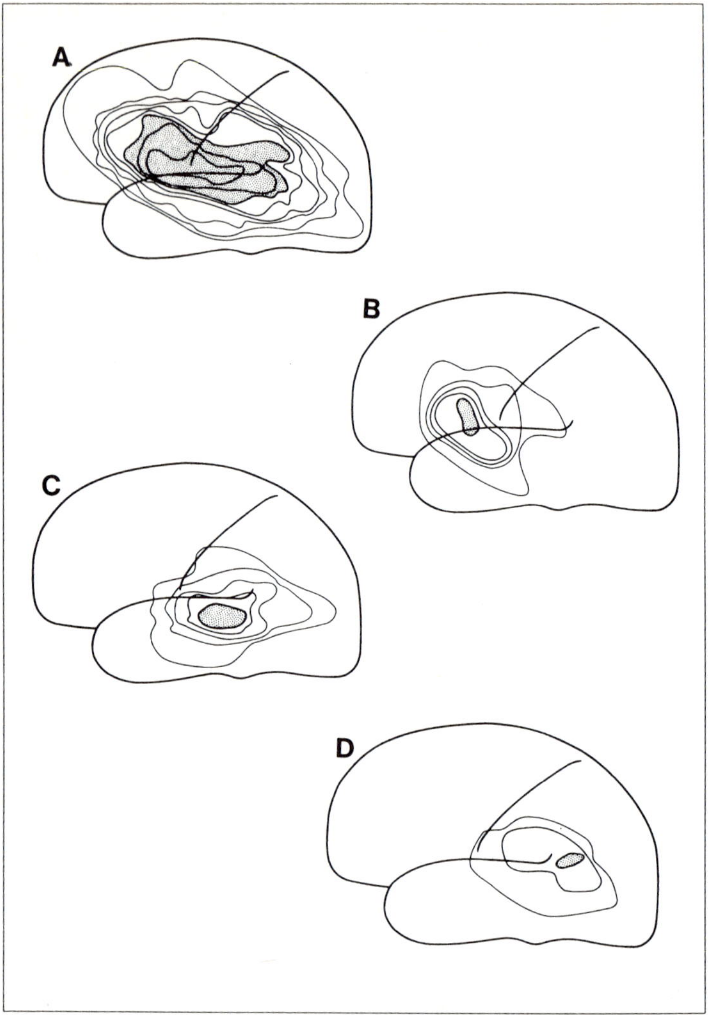

Läsionen der Großhirnrinde, hier durch Szintigraphie lokalisiert, führen beim Menschen zu Sprachstörungen. Die Schichtlinien bezeichnen die Überlagerung der Läsionen. A: totale Aphasie; B: Brocasche (motorische) Aphasie; C: Wernickesche (sensorische) Aphasie; D: die sogenannte «Leitungsaphasie».

hielt ihren Namen, weil sie die Fähigkeit zum Sprachverstehen beeinträchtigt, woraus Wernicke geschlossen hatte, in der betreffenden Region würden die «sensorischen Sprachmuster» dekodiert werden. Unsere Beobachtungen zeigten alsbald, daß die allen Symptomen zugrundeliegende Hauptstörung jedoch in der Unfähigkeit besteht, Phoneme – die elementaren lautlichen Einheiten sprachlicher Äußerungen – mit dem Gehör auseinanderzuhalten. Beeinträchtigungen des Sprachverstehens, der Gegenstandsbezeichnung und der Wortfindung im Sprechen und Schreiben erwiesen sich als sekundäre oder systembedingte Auswirkungen der primären Störung des phonematischen Hörens.

Bei der zweiten von uns analysierten Form der Aphasie handelte es sich um die sogenannte «motorische Aphasie». Sie ist durch Sprechstörungen gekennzeichnet und wurde erstmals von Broca untersucht. Bei der Untersuchung stellten wir fest, daß wir es auch hier nicht mit einem einheitlichen Typ von Störungen zu tun hatten, sondern mit unterschiedlichen Symptomgruppen, die sich in zwei völlig verschiedene Klassen einteilen ließen. Da die Analysen der motorischen Aphasie die Logik veranschaulichen, die unsere gesamte neurologische Vorgehensweise bestimmt hat, möchte ich dieses Thema etwas ausführlicher behandeln. Die Ergebnisse, zu denen wir kamen, ließen uns in der Folge die zerebralen Mechanismen psychischer Prozesse viel umfassender verstehen als zuvor.

Das Sprechen ist nur eine von vielen menschlichen Willkürhandlungen. Deshalb vermuteten wir, daß die Sprachmotorik mit den übrigen Arten komplexer Willkürbewegungen viele Gemeinsamkeiten aufweist, zugleich aber ihre spezifischen Komponenten besitzt. Um die motorische Aphasie zu verstehen, mußten wir daher beide Aspekte eingehend untersuchen.

In dieser Hinsicht waren die Arbeiten Bernsteins für uns eine große Hilfe. Dieser hatte festgestellt, daß die Bewegungssteuerung nicht nur über efferente Nervenimpulse verläuft, die die Muskelneuronen zum Feuern veranlassen, sondern auch über afferente Impulse, die den Zustand des Bewegungsapparates anzeigen. Diese afferenten Signale, die die Lage der Gliedmaßen und den Grad der Muskelspannung übermitteln, spielen bei der Begrenzung der zahllosen Innervationsmöglichkeiten und bei der Einschränkung der Freiheitsgrade einer Bewegung eine wesentliche Rolle. Ist das System der afferenten Impulse gestört, leidet darunter auch die organisierte Bewegung. Dies war also für die speziell mit der Sprache zusammenhängenden Bewegungen ebenfalls zu erwarten, so daß sich die motorische Aphasie in zwei unterschiedlichen Spielarten zeigen müßte: im einen Fall verursacht durch die Beeinträchtigung des efferenten motorischen Systems, wie schon Broca vermutet hatte, im anderen Fall dagegen durch Ausfälle der Afferenz*.

Unsere Vermutungen wurden bestätigt. Wir fanden heraus, daß es eine spezielle Form der afferenten motorischen Aphasie gibt, die ich als «kinästhetische Aphasie» bezeichne. Ihr Hauptsymptom besteht darin, daß bestimmte Sprachlaute nicht richtig artikuliert werden: etwa «k» anstelle von «ch» und «g», in weniger schweren Fällen auch «b» statt «p» usw. Hauptursache dieses motorischen Ausfalls ist, daß das Gehirn die Rückkopplungsinformationen über die Bewegungen des Sprechapparates, der die einzelnen Laute – «die Artikuleme» – erzeugt, nicht mehr registriert. So büßen die Artikulationsbewegungen ihre Selektivität ein, und der Kranke kann Zunge und Lippen nicht mehr in die korrekte Position bringen.

Die andere Form der motorischen Aphasie betrifft vor allem die serielle Organisation von Bewegungen, die zur Äußerung von Wörtern notwendig ist. Beim normalen Sprechen sind fließende Übergänge zwischen einzelnen Artikulemen unumgänglich. Die «kinetische Melodie», die die einzelnen Wörter verbindet, muß ein harmonisches Ganzes bilden. Doch bei Schädigungen der unteren Abschnitte der prämotorischen Rinde kann ein Kranker den notwendigen Übergang von einem Artikulem zum anderen nicht mehr bewältigen, obwohl die Artikuleme selbst korrekt sind. Diese «kinetische motorische Aphasie» hatte schon Broca in seinen frühen Arbeiten beschrieben.

Die dritte klassische Form der Aphasie, die ich in jener Zeit zu untersuchen begann, war die «semantische» oder «amnestische Aphasie». Es wurde vermutet, daß es sich dabei um eine besondere Form von Sprachstörungen – ohne sensorische und motorische Beeinträchtigungen – handelt, die dem Kranken lediglich Schwierigkeiten beim Einprägen von Gegenstandsbezeichnungen bereitet. Einige Neurologen behaupteten, dieser Ausfall sei durch Störungen der «sensorischen Wortspuren» be-

* Afferenz: die Übermittlung von Nervenimpulsen aus der Peripherie (beispielsweise aus den Sinnesorganen) zum Gehirn, und zwar durch afferente Nerven; Impulse in umgekehrter Richtung vom Gehirn beispielsweise zu den Muskeln werden durch efferente Nerven übermittelt (Efferenz). Vgl. S. 127.

dingt. Andere stellten die Hypothese auf, er spiegele die Läsion eines besonderen Zentrums wider, in dem Sprachspuren gespeichert werden. Wieder andere, die das Gehirn als homogene Masse auffaßten, meinten, die semantische Aphasie ergebe sich aus dem Zerfall des kategorialen Denkens, insbesondere der Abstraktionsfähigkeit.

Wie im Falle anderer Aphasien begegneten wir den vorliegenden Hypothesen mit äußerster Skepsis. Wir stellten zunächst sicher, daß wir es nicht mit einer Variante der motorischen oder sensorischen Aphasie zu tun hatten, da die semantische Aphasie nicht mit gestörter Artikulation oder Hörfähigkeit einhergeht. Darüber hinaus liegen die Schädigungen im parieto-okzipitalen und Schläfenbereich, also über und hinter den bisher untersuchten Läsionsherden.

Das Studium der Literatur über die Symptome im Zusammenhang mit semantischer Aphasie und unsere eigenen Beobachtungen zeigten, daß die Kranken den Sinn komplizierter Begriffe wie «Verursachung», «Entwicklung» oder «Zusammenarbeit» mühelos verstehen. Sie waren außerdem imstande, ein Gespräch über abstrakte Themen zu führen. Schwierigkeiten gab es nur, wenn man sie mit komplexen grammatischen Konstruktionen konfrontierte, die bestimmte logische Zusammenhänge bezeichnen. Wie Head bemerkt hatte, erfordern diese grammatischen Konstruktionen die Vereinigung von Details zu einem einheitlichen Ganzen. Die Kranken können Wörter und Sätze schlecht verstehen, die relative Positionen von Objekten bezeichnen, und einfache Aufgaben des Typs «Zeichne ein Dreieck über einem Kreis» nicht lösen. Vergleichssätze wie «Sonja ist heller als Natascha» sind ebenso unverständlich wie Aussagen, in denen zeitliche Relationen ausgedrückt werden, etwa: «Der Frühling kommt vor dem Sommer».

Die Analyse zeigte, daß all diese logisch-grammatischen Konstruktionen eines gemeinsam haben: Sie sind der sprachliche Ausdruck räumlicher Beziehungen, auch wenn der räumliche Faktor mal mehr, mal weniger offenkundig ist. Wörter wie «auf», «über», «vor» usw. spiegeln die räumliche Beziehung direkt wider, aber bei näherer Betrachtung können wir feststellen, daß räumliche Faktoren auch in Ausdrücken wie «der Hund des Herrn» oder «der Vater des Bruders» enthalten sind. Derartige Genitivkonstruktionen bleiben für die Kranken ebenfalls unverständlich. Einer der Patienten sagte uns: «Natürlich weiß ich, was ein Bruder und was ein Vater ist, aber ich kann mir nicht vorstellen, was beides zusammen bedeutet.» Diese Beispiele zeigten, daß Annahmen eines einheitlichen Aphasiesyndroms unhaltbar sind. Es handelt sich vielmehr um die Störung verschiedener logischer Operationen, die mit räumlichen Vergleichen und Synthesen zu tun haben.

Die Forschungen zu den drei von Neurologen der zwanziger und dreißiger Jahre festgelegten Haupttypen der Aphasie bildeten den Abschluß meiner «Schuljahre». Damals versuchte ich, in einer auf drei Bände angelegten Arbeit meine Ideen zusammenzufassen; mein Plan war, jedem Aphasietyp ein Buch zu widmen. Ich schrieb den ersten Band über die sensorische Aphasie und erhielt dafür den akademischen Grad eines Doktors der Medizin. Und obwohl ich den zweiten über die semantische Aphasie begann, erwiesen sich meine Materialien als zu fragmentarisch; die Arbeit blieb unvollendet. In der Behandlung der zwei Formen der motorischen Aphasie schließlich sah ich, daß ich mit meinen Studien ebenfalls noch ganz am Anfang stand. So blieben die drei Manuskripte in der Schublade. Erst 1947 erschien mein Buch ‹*Traumatische Aphasie*›, in dem ich die Ergebnisse all meiner Untersuchungen zusammenfassen und verallgemeinern konnte. Ich war damals überzeugt, daß Wygotskij, wäre er noch am Leben gewesen, diese Probleme viel beharrlicher und genauer analysiert hätte.

Im Juni 1941 änderte sich dann die Richtung meiner Arbeit für eine lange Zeit. Der Zweite Weltkrieg brach aus.

Die Neuropsychologie während des Zweiten Weltkriegs

Der Zweite Weltkrieg war für alle Länder eine Tragödie, aber in der Sowjetunion waren seine Auswirkungen besonders fatal. Tausende von Städten wurden zerstört, Millionen Menschen wurden getötet oder verhungerten. Unter den Verwundeten gab es Tausende, die Hirnverletzungen davontrugen und einer umfangreichen, sorgfältigen Behandlung bedurften.

Die Orientierung an einem gemeinsamen Ziel hatte das sowjetische Volk bereits während der Oktoberrevolution und in den Jahren danach zusammengeschlossen. Diese Verbundenheit wurde nun in anderer Form wiedererweckt. Ein Gefühl gemeinsamer Verantwortung erfaßte das ganze Land. Jeder von uns hatte in diesem Kampf seinen Platz einzunehmen – sei es unmittelbar in der Landesverteidigung, bei der Arbeit in der Industrie, die in entfernte Gebiete evakuiert worden war, oder bei der Wiederherstellung der Gesundheit und der Arbeitsfähigkeit von Verwundeten. Meinem Kollektiv oblag die Erfüllung der letzteren Aufgabe.

Der medizinische Dienst der Armee war ausgezeichnet organisiert und verdient hohe Wertschätzung. Burdenko, der zuvor das Moskauer Institut für Neurochirurgie geleitet hatte, wurde zum Chefchirurgen der Armee ernannt. Unter seiner und der Leitung Smirnows entstand ein hervorragendes medizinisches Versorgungssystem.

Die Behandlung der Gehirnverwundeten wurde Nikolaj Iwanowitsch Graschtschenkow * übertragen, dem späteren stellvertretenden Gesundheitsminister, der zuvor als Neurologe und Neurochirurg die Klinik für Neurologie am Institut für Experimentelle Medizin geleitet hatte. Ihm unterstand die Versorgung in den ersten Stunden nach der Verwundung.

* Nikolaj Iwanowitsch Graschtschenkow (1901–1965), sowjetischer Neurologe, hat vor allem über die Physiologie und Pathologie der Sinnesorgane sowie über die Pathologie des Dienzephalons geforscht.

Anschließend wurden die Patienten nach Moskau an das Institut für Neurologie überführt, das in ein neurochirurgisches Hospital umgewandelt worden war. Wer weitere Behandlung oder eine Kur benötigte, kam in eine der Rehabilitationskliniken, die im südlichen Ural eingerichtet worden waren.

In den ersten Kriegsmonaten erteilte man mir den Auftrag, ein solches Rehabilitationshospital aufzubauen. Zu diesem Zweck wählte ich ein gerade eröffnetes Sanatorium mit vierhundert Betten in der kleinen Siedlung Kisegatsch nahe der Stadt Tscheljabinsk aus. Alle Räume wurden für Therapie und Rehabilitationsbehandlung umgerüstet. Bereits nach einem Monat nahm ich mit einer Gruppe ehemaliger Moskauer Mitarbeiter die Arbeit auf.

Wir wurden mit zwei Hauptaufgaben konfrontiert: Zu entwickeln war erstens eine Methode zur Diagnose lokaler Gehirntraumen, einschließlich der durch Läsionen hervorgerufenen Komplikationen wie etwa Entzündungen. Zweitens mußten wir eine wissenschaftlich fundierte Methode zur Wiederherstellung gestörter psychischer Funktionen ausarbeiten.

Unsere Gruppe zählte nur dreißig Mitarbeiter. Wir waren uns über die unglaubliche Vielschichtigkeit der vor uns liegenden Probleme im klaren. Außer dem geringen Vorrat an praktischen Kenntnissen, die ich in den fünf, sechs Jahren an neurologischen und neurochirurgischen Kliniken erworben hatte, und einiger Erfahrung in der experimentellen Untersuchung von Hirnverletzungen hatte ich nichts in meinem Gepäck. Das Hospital war mit neurophysiologischen und neurochirurgischen Instrumenten sowie einem archaischen histologischen Labor nur spärlich ausgestattet. Unter diesen Bedingungen mußten wir Diagnosen stellen und die unterschiedlichsten Störungen psychischer Funktionen behandeln: von Beeinträchtigungen der Empfindung, der Wahrnehmung und der Bewegung bis hin zu Störungen der intellektuellen Prozesse.

Drei Jahre arbeiteten wir im Ural, dann kehrten wir nach Moskau zurück und setzten die Arbeit dort bis zum Kriegsende fort. In dieser tragischen Periode hatten wir – paradoxerweise als Folge der großen Zahl von Hirnverletzungen – die Möglichkeit, unsere Kenntnisse des Gehirns und der zerebralen Organisation psychischer Prozesse entscheidend zu erweitern. So entwickelte sich die Neuropsychologie gerade während der Kriegszeit und in den darauffolgenden Jahren zu einer eigenständigen Wissenschaft.

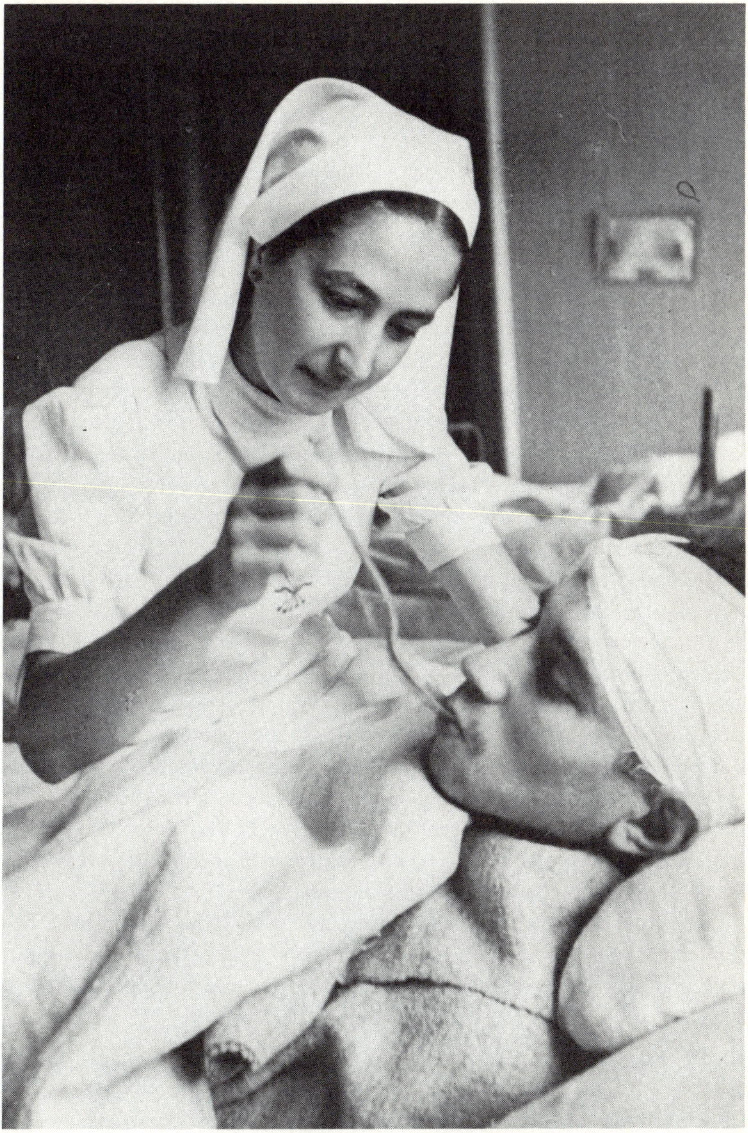

Lazarett

Meine Forschungen der Vorkriegszeit lieferten eine wertvolle Grundlage für unsere Arbeit. Dennoch war es notwendig, das Spektrum zu erweitern, um die verschiedenen, ständig zunehmenden Hirnschädigungen zu erfassen, die durch die Verwendung neuartiger Explosivstoffe verursacht wurden. Zugleich benötigten wir eine gesicherte Methode für die Wiederherstellung psychischer Funktionen. Obwohl diese beiden Aufgaben äußerlich betrachtet nichts miteinander zu tun hatten, erforderte die Logik unseres Vorgehens den Zusammenschluß von Diagnose und Rehabilitation.*

In einigen Fällen verwendeten wir Pharmazeutika, die die gestörten Funktionen wiederbelebten und die besonders hilfreich bei der Beschleunigung der Rekonvaleszenz waren. Die besten Ergebnisse erzielten wir bei bestimmten «Schockzuständen», in denen Hirnregionen blockiert waren. In der Regel erforderte unsere Hauptmethode zur Wiederherstellung der Funktionen jedoch die Kombination von chemischer Therapie und einem speziellen Rehabilitationsprogramm. Eines der Gebiete, auf denen wir Trainingsmethoden zur Reorganisation psychischer Prozesse erarbeiteten, war das Schreiben.

Die Forschungen Bernsteins hatten gezeigt, daß jede organisierte Bewegung ein komplexes funktionelles System voraussetzt, zu dem eine bestimmte ausführende Muskelgruppe gehört. Bewegungen wie Gehen, Laufen oder Fußballspielen werden durch die Bein- und Fußmuskulatur verwirklicht, aber das System der Muskelaktivität ist jeweils ein anderes. Überdies kann eine Bewegung durch intakt gebliebene Muskelgruppen kompensiert werden, wenn einige im Normalfall beteiligte Muskeln ausfallen. Bei schweren Verletzungen lassen sich die noch vorhandenen aktiven Muskeln durch Prothesen ergänzen, die in das motorische Funktionssystem integriert werden und für eine, wenn auch nicht normale, so doch ausreichende Bewegungsfähigkeit sorgen.

Betrachtet man auch die intellektuellen Prozesse als komplexe funktionelle Systeme, dann sollte es auf der Hand liegen, daß die Idee einer strikten Lokalisation dieser Funktionen aufgegeben werden muß. Ebenso

* Mehrere Vertreter der kulturhistorischen Schule der sowjetischen Psychologie haben sich während des Zweiten Weltkriegs speziell mit Problemen der Rehabilitation von Funktionen nach Schuß- und anderen Verletzungen beschäftigt; so veröffentlichten Alexej Leontjew und Alexander Saporoshez 1945 in Moskau eine ausführliche Studie über die Rehabilitation der Motorik.

ist allerdings die holistische Theorie abzulehnen, nach der sich jede Funktion gleichmäßig über das gesamte Gehirn verteilt. Wir sahen die Lösung dieses Problems in der Idee funktioneller Systeme, denen bestimmte Hirnregionen zugeordnet sind. Ein besonders gutes Beispiel für eine Tätigkeit, die im menschlichen Gehirn genetisch nicht verankert sein kann, weil sie den Gebrauch von Werkzeugen voraussetzt, ist das Schreiben.

Das Schreiben eines Wortes beginnt, egal ob spontan oder nach Diktat, mit der Analyse seines phonematischen Gehalts, also mit der Zergliederung des lautlichen Redeflusses in seine einzelnen Phoneme. (Phonematische Analyse und Synthese spielen nur in wenigen Sprachen keine Rolle, etwa im Chinesischen, das eine ideographische Transkription benutzt. Hier wird jeder Begriff unmittelbar durch ein Symbol dargestellt.) Es ist der Schläfenlappen der linken Großhirnhemisphäre, der für die Zergliederung der akustischen Sprachinformationen des normalen Redeflusses in Phoneme verantwortlich ist. Wird diese Rindenregion verletzt und die Identifizierung stabiler Phoneme verhindert, wie dies bei der sensorischen Aphasie der Fall ist, ergeben sich Schreibstörungen. Dann werden Phoneme vertauscht, etwa «b» und «p» oder «d» und «t». Der Ausfall einzelner Buchstaben und das Vertauschen von Wörtern – zum Beispiel «kot» (Katze) anstelle von «god» (Jahr) – sind weitere Anzeichen für diese Störung.

Im Falle der kinästhetischen oder afferenten motorischen Aphasie läßt sich beim Schreiben eine andere Art von Fehlern beobachten. Gestört ist hier die «artikulatorische» Analyse der Laute, die dem Sprechenden hilft, ähnlich klingende Wörter zu unterscheiden. Beim Schreibenlernen hilft das Aussprechen eines Wortes bekanntlich, dieses Wort richtig zu schreiben. Indem der Schreibende das Wort ausspricht, analysiert er dessen artikulatorische Zusammensetzung. Aus eben diesem Grund zeigen sich bei einem Menschen, der nicht mehr richtig zu artikulieren vermag, entsprechende Schreibfehler. Es handelt sich gewöhnlich um Vertauschungen von Buchstaben, die der Artikulation nach verwandt sind: «b» wird anstelle von «m» und «n» anstelle von «l» oder «t» gebraucht. So erhält man anstelle des Wortes «stol» (Tisch) «slot» (sinnleeres Wort) und anstelle von «slon» (Elefant) «ston» (Stöhnen) usw.

Wer den Redefluß richtig analysiert hat, sollte in der Lage sein, eine einzelne phonematische in eine entsprechende graphische Einheit zu übertragen: Er muß im Gedächtnis das passende visuelle Symbol suchen. Der Prozeß des Schreibens erfordert vor allem die Beteiligung der temporo-okzipitalen und der parieto-okzipitalen Regionen der linken Großhirnhemisphäre, die für die räumliche Analyse und Synthese zuständig sind. Bei einer Verletzung dieser Rindenareale ist die räumliche Organisation der Grapheme beeinträchtigt. Visuell ähnliche Buchstaben werden vertauscht, und es treten Spiegelungsfehler auf. Auch wenn also die phonematische Analyse intakt geblieben ist, kann das Schreiben gestört sein.

All das aber sind lediglich vorbereitende Schritte der Schreibhandlung. In der folgenden Phase werden die visuellen Buchstabenbilder in motorische Handlungen transformiert. Zu Beginn des Schreibunterrichts setzt sich der motorische Schreibakt aus einer Vielzahl einzelner, selbständiger Teilhandlungen zusammen. Je mehr sich dann der Prozeß des Schreibens automatisiert, desto größer wird der Umfang der motorischen «Einheiten», so daß ganze Buchstaben und manchmal auch Buchstabenverbindungen in einem Zug zu Papier gebracht werden. Eine derartige Erscheinung läßt sich bei der Arbeit einer erfahrenen Schreibkraft beobachten, die häufig vorkommende Klangkombinationen in einem einzigen Bewegungsablauf tippt. Schließlich können sogar einige besonders bekannte Wörter in einer einzigen komplexen Bewegung geschrieben werden. Sie überwinden dann ihre aus Einzelelementen zusammengesetzte Struktur. Bei der Realisierung des automatisierten Schreibens spielen mehrere Gebiete der Großhirnrinde, insbesondere die vorderen Abschnitte der «Sprachregion» und die unteren Abschnitte der prämotorischen Region, eine entscheidende Rolle. Eine Verletzung dieser Sektoren führt zu Schwierigkeiten beim Übergang von einer Bewegung zur anderen, so daß das Schreiben seine Automatik einbüßt. Bisweilen mißachtet der Patient die richtige Reihenfolge der Buchstaben im Wort oder wiederholt einige Wortelemente. Dieses Syndrom tritt oft zusammen mit einer kinetischen motorischen Aphasie auf.

Und schließlich erfordert das Schreiben, wie jede andere psychische Tätigkeit, ein konstantes Ziel, einen Plan und die fortlaufende Kontrolle der Ergebnisse der Tätigkeit. Wenn ein Kranker kein stabiles Ziel hat und auf die Rückkopplungsinformationen über seine Handlungen verzichten muß, so ist bei ihm die Zielkonstanz, das Handlungsprogramm zerstört. Unter derartigen Bedingungen ist auch das Schreiben beeinträchtigt, aber nun wirkt sich der Ausfall auf den Sinn und den Inhalt des Geschriebenen aus. Unpassende Assoziationen und stereotype Ausdrucksweisen mischen sich in den Schreibprozeß. Ähnliche Fehler sind für Kranke mit Verletzungen der Frontallappen typisch. Daraus wird klar, daß an dem vielschichtigen funktionellen System des Schreibens viele unterschiedliche Hirnregionen beteiligt sind. Jede Region ist für einen bestimmten Aspekt dieses Prozesses zuständig, und eine Verletzung hat jeweils der Funktion entsprechende Auswirkungen.

Wenn wir nun eine Diagnose stellen, analysieren wir, welcher Teil oder welche Teile des funktionellen Systems bei einem Kranken geschädigt sind. Gleichzeitig versuchen wir die unversehrt gebliebenen Teile zu bestimmen. Erst dann kann mit der Behandlung begonnen wurden. Behandlung und Diagnose sind deshalb eng aufeinander angewiesen. Zur Rehabilitation versuchen wir, sowohl die intakten Elemente wie auch ergänzende äußere Mittel zu verwenden, um die Tätigkeit auf ein neues funktionelles System umzustellen. So können sich längere Umschulungsperioden ergeben; am Ende soll ein Kranker aber fähig sein, eine Tätigkeit ohne äußere Hilfe auszuüben. Während der Umschulungsperiode achteten wir darauf, daß die Patienten in die Lage versetzt wurden, möglichst viele Rückkopplungsinformationen sowohl über die gegebenen Störungen als auch über deren Einfluß auf die Handlungen zu gewinnen. Diese Informationen sind für die erforderliche Reorganisation des funktionellen Systems ausschlaggebend.

Die hier formulierten Grundsätze mögen etwas abstrakt klingen, in der Praxis sind sie es jedoch keineswegs. Zum Beleg möchte ich veranschaulichen, wie wir uns von diesen Grundsätzen einerseits bei der Reorganisation der funktionellen Systeme als einem Verfahren zur Wiederherstellung gestörter Funktionen, andererseits bei der Gewinnung von Daten über das Gehirn und die Organisation psychischer Prozesse haben leiten lassen.

Wie ich schon ausgeführt habe, war einer unserer Forschungsgegenstände die afferente motorische Aphasie, bei der infolge von Läsionen des hinteren Abschnitts der sprachmotorischen Region die kinästhetische Grundlage der Artikulationsbewegungen beeinträchtigt ist. Die Hauptstörung betrifft die Artikulationshandlung, so daß ein Kranker einzelne Sprachlaute nicht mehr richtig aussprechen kann. Schwierigkeiten der Artikulation können selbstverständlich durch unterschiedliche lokale Schädigungen bedingt sein. Bevor man ein Programm zur Wiederherstellung der Sprachmotorik ausarbeitet, sind deshalb die Hauptfaktoren der vorliegenden Störung sorgfältig zu analysieren. Sicherzustellen ist, daß man es tatsächlich mit der kinästhetischen und nicht mit einer anderen Form der Aphasie, die bisweilen ähnliche Symptome aufweist, zu tun hat. Ziel unseres Rehabilitationsprogramms war es, die Wiederherstellung des funktionellen Artikulationssystems zu erreichen und die zerfallenen kinästhetischen Schemata durch neue afferente Systeme zu ersetzen. Indem wir die Artikulationsprozesse, die bei einem gesunden Menschen automatisiert und unbewußt ablaufen, in das Bewußtsein hoben, konnten wir Patienten mit einem Fundament für den Umbau der Artikulation ausstatten.

Bei der afferenten motorischen Aphasie sind in der Regel nicht alle beteiligten Ebenen in gleichem Maße geschädigt. Es kommt vor, daß bei einem Kranken überwiegend die imitatorischen oder symbolischen Bewegungen des Artikulationsapparates gestört, die elementaren oder «instinktiven» Zungen- und Lippenbewegungen hingegen intakt geblieben sind. Der Patient vermag dann weder die Oberlippe mit der Zunge zu berühren noch zu spucken, sofern dies auf eine Instruktion hin geschehen soll; er ist aber ohne weiteres in der Lage, beides im Alltag aus einer spontanen Situation heraus zu tun. Die effektivste Methode, die Sprachmotorik derartig Erkrankter wiederherzustellen, besteht darin, daß der Arzt zunächst die unversehrten Bewegungen der Lippen, der Zunge und des Kehlkopfes analysiert und diese dann für das Aussprachetraining benutzt. Um einen Kranken zum Beispiel dazu zu bringen, ein «p» bewußt auszusprechen, gibt ihm der Arzt ein brennendes Streichholz, das er instinktiv ausbläst, sobald sich die Flamme seinen Fingern nähert. Diese Bewegung wird oft wiederholt, wobei die Aufmerksamkeit des Patienten schrittweise auf die zur Ausführung nötigen Komponenten zu lenken ist. Der Arzt zeigt ihm, welche Stellung der Lippen er einnehmen muß, um einen entsprechenden Laut zu artikulieren, und wie die Atembewegung eingesetzt wird. Damit der Patient sich dieser Komponenten wiederholt und auf verschiedene Art bewußt wird, preßt der Arzt seine Lippen zusammen und läßt sie abrupt wieder los, während er gleichzeitig auf die Brust des Patienten drückt, um ihn die Lippen- und Atembewegungen als koordinierte Vorgänge wahrnehmen zu lassen. Die Laute «b» und «m» werden ähnlich wie das «p» gebildet, nur daß die Steuerung des Luftstroms eine etwas andere Lage des weichen Gaumens und ein anderes Maß der Lippenschließung erfordert. Die Laute «w» und «f» entstammen einem anderen Bewegungskomplex, der darauf basiert, mit den Zähnen die Unterlippe zu berühren. Beim «u» formt der Kranke seine Lippen zu einem «Röhrchen», indem er eine runde, enge Öffnung bildet, beim «a» muß er seinen Mund weiter öffnen. Nach der Untersuchung der Artikulation und der Bedingungen zur Wiedergabe jedes einzelnen Buchstabens, beginnt das Rehabilitationsprogramm auf der Grundlage der erhalten gebliebenen natürlichen Bewegungen von Lippen, Zunge und Kehlkopf. Danach wird der Kranke auf diese Bewegungen aufmerksam gemacht, so daß er sie, durch verschiedene äußere Hilfsmittel unterstützt, bewußt auszuführen lernt.

Als äußere Hilfsmittel benutzten wir Schemata, Diagramme, Spiegel und sogar geschriebene Buchstaben. Patienten lernen zu artikulieren, indem sie den Laut einem Schema entnehmen, das die korrekten Stellungen der Artikulationsorgane abbildet. Gute Dienste leistet auch der Spiegel. Wenn der Patient neben dem Arzt sitzt und im Spiegel die Artikulationsbewegungen beobachtet, beginnt er seine eigene Artikulation aufzubauen. Über einen längeren Zeitraum hinweg sind das Schema und der Spiegel die wichtigsten Hilfsmittel zur Wiederaneignung verschiedener Laute. Erst danach kann das Schreiben von Buchstaben zum Einsatz kommen. Schreiben ist ein sehr wirksames Hilfsmittel, da es dem Patienten die Möglichkeit gibt, sowohl die unterschiedlichen Lautvarianten kategorial einzuordnen als auch Laute zu differenzieren, die artikulatorisch eng zusammenhängen. Die Verwendung dieser Hilfsmittel, vor allem des Schreibens, führt zu einem radikalen Umbau des gesamten funktionellen Systems der Artikulation, an dem schließlich ganz andere Mechanismen beteiligt sind. So lassen sich höhere psychische Funktionen bei Hirnschädigungen im Rehabilitationsprozeß nutzen, um die niederen zu ersetzen.

Diese Art der Rehabilitation ist schwierig und erfordert eine sorgfältige Arbeit. Jede Aktion, die bei gesunden Menschen automatisch und ohne Nachdenken abläuft, muß bewußt vollzogen werden. Gewöhnlich fällt es dem Patienten leicht, zur Artikulation von Silben und ganzen Wörtern überzugehen, nachdem er die korrekte Lautartikulation gefunden hat. Doch die wiederhergestellte Sprache klingt noch lange Zeit künstlich, und der bewußte Charakter jeder einzelnen Bewegung zeugt davon, wie anspruchsvoll die Rehabilitationsleistung tatsächlich ist. Erst nach und nach geht der Patient zur automatischen und natürlichen Sprechweise über.

Die Behandlung einer semantischen Aphasie unterscheidet sich erheblich von der einer motorischen. Semantische Aphasie tritt bei Schädigungen der parietalen Hirnregionen auf. Die Betroffenen haben Schwierigkeiten, gewisse logische Beziehungen zu verstehen und bestimmte

Elemente einem einheitlichen Ganzen zuzuordnen. Die Ursache dafür liegt in der Beeinträchtigung ihrer räumlichen Funktionen. Im Gegensatz zur motorischen oder kinetischen Aphasie bereitet die Lautartikulation in diesem Fall keine Schwierigkeiten. Auch die Fähigkeit, einen großen Teil der Umgangssprache zu hören und zu verstehen, bleibt erhalten. Die Patienten können Sätze verstehen und wiederholen, die sich auf eine bestimmte Abfolge von Szenen beziehen. Als Beispiel: «An einem sonnigen Tag war es im Wald vollkommen still. Die Tannen bewegten sich nicht. Blumen blühten auf dem frischen, grünen Rasen.»

Eine Störung tritt offensichtlich nur im Umgang mit Gruppen oder Verbindungen von Elementen auf. Wenn man die Personen auffordert: «Zeigen Sie den Bleistift mit dem aufgemalten Schlüssel!» oder sie fragt: «Wo ist der Freund meiner Schwester?», so verstehen sie das Gesagte nicht. Dies ist typisch für Menschen mit semantischer Aphasie, die nicht imstande sind, den Zusammenhang zwischen verschiedenen Elementen einer grammatisch komplexen Konstruktion unmittelbar zu begreifen.

Mechanisches Lernen oder langwieriges Üben tragen in der Regel nicht zu einer Verbesserung der Fähigkeit dieser Menschen bei, die angesprochenen logischen Zusammenhänge zu verstehen. Grammatische Konstruktionen, die einem fünf- bis sechsjährigen Kind vertraut sind, können selbst die Hochgebildeten unter ihnen nicht entschlüsseln. In diesen Fällen bestand unsere Rehabilitationsmethode vornehmlich darin, die logischen Zusammenhänge unter Verwendung verschiedener äußerer Hilfsmittel Schritt für Schritt zu erklären.

So brachten wir Patienten bei, flektierende und präpositionale Konstruktionen zu verstehen, in denen die Kasusbeziehungen mit Hilfe von Endungen beziehungsweise die räumlichen Relationen mittels Präpositionen ausgedrückt werden. Patienten, die die Beziehungen in den Phrasen «der Kreis über dem Dreieck», «das Dreieck über dem Kreis», «der Kreis unter dem Dreieck» und «das Dreieck unter dem Kreis» nicht mehr begriffen, erhielten eine Zeichnung, die sie dazu nutzen konnten, die komplizierten Relationen in einfache umzuwandeln (vgl. Abb. S. 151).

Neben jeder Figur waren der präpositionale Bezug (über, unter) und der entsprechende absolute Ausdruck (oben, unten) angegeben. Diese Zeichnung eröffnete die Möglichkeit, die unverständliche Relation «der Kreis über dem Dreieck» durch zwei verständliche Sätze zu ersetzen: «Der Kreis ist oben» und «Das Dreieck ist unten». Durch Umwandlung der komplexen grammatischen Konstruktion konnte der Patient die Be-

△	▲ über = oben
● unter = unten	○
○	● über = oben
▲ unter = unten	△

ziehung verstehen, obwohl er sie nach wie vor nicht unmittelbar zu erfahren vermochte – was zur Erfassung solcher Sätze normalerweise unumgänglich ist.

Ein analoges Verfahren verwendeten wir auch in Fällen, bei denen die Patienten Beziehungen nicht verstehen konnten, die durch den attributiven Genitiv ausgedrückt werden, zum Beispiel «Vaters Bruder» oder «Freund der Schwester». Wir versuchten, solche Beziehungen dadurch zu vermitteln, daß wir den Patienten zeigten, wie sie die Phrasen in eine vereinfachte Form bringen und dann ihre Bedeutung analysieren konnten. Die indirekte Analyse solcher grammatischen Strukturen erwies sich oft als der einzige Weg, unseren Patienten das Verstehen zu ermöglichen. Mit der Zeit beschleunigte sich dieser Prozeß und begann sich zu automatisieren. Nur selten verlief er jedoch derart selbstverständlich, daß die Beziehungen direkt wahrgenommen werden konnten, wie es bei normalen Menschen üblich ist. Der Umbau des funktionellen Systems stellte die gestörte psychische Funktion in ihrer ursprünglichen Form nicht wieder her, führte aber insgesamt zu den gewünschten Ergebnissen.

Schädigungen des Gehirns bewirken jedoch nicht immer Störungen einzelner Funktionen; besonders Läsionen des Stirnhirns beeinträchtigen häufig allgemeinere funktionelle Systeme, die dem aktiven Denken zugrunde liegen. Dies führt dann bei vielen Betroffenen zu einer Störung des spontanen Denkablaufs. Die logische Struktur ihres abstrakten Denkens bleibt erhalten. Auf den ersten Blick scheinen sie keine nennenswerten Ausfälle aufzuweisen; nur eine gewisse Langsamkeit und Ungeschicklichkeit machen sich bemerkbar. Wortartikulation und Sprachverständnis sind intakt. Gewöhnlich können solche Patienten ohne Schwierigkeiten lesen, schreiben und relativ einfache intellektuelle Probleme lösen. Aber eine sorgfältige Untersuchung läßt Störungen erkennen, die in mancher Beziehung ernster sind als die Beeinträchtigung spezieller Operationen. Diese Ausfälle gehen mit dem Zerfall der produktiven Tätigkeit und des aktiven Denkens einher. Obwohl die psychischen Prozesse und Operationen des Patienten weitgehend intakt sind, kann er sich ihrer nicht aktiv bedienen.

Als erstes beklagen sich diese Kranken über ihren Denkablauf. Typisch sind Erklärungen wie «Ich habe keine Gedanken, mein Kopf ist leer. Ich weiß nicht, wie ich einen Brief beginnen soll, und brauche den ganzen Tag, um ihn fertig zu schreiben.» Unsere Untersuchungen zeigten, daß solchen Klagen tiefgreifende Störungen der Denktätigkeit zugrunde lagen.

Die Kranken beantworten in Gesprächen gern, bereitwillig und mühelos Fragen. Sie stoßen jedoch auf große Schwierigkeiten, wenn man sie auffordert, ein Bild genau zu beschreiben oder einen Aufsatz über ein bestimmtes Thema zu verfassen. Unter diesen Bedingungen klagen sie darüber, daß sie «nichts zu sagen» haben. Es bereitet ihnen Probleme, von einer passiven Beschreibung des Gesehenen zur Interpretation überzugehen. Ein inneres Konzept zu erstellen und es schrittweise zu entfalten, scheint unmöglich.

Die Schwierigkeiten ließen sich anhand einfacher Tests feststellen. Wir schlugen den Patienten mit Stirnlappentraumen beispielsweise vor, eine in sich stimmige Kette freier Assoziationen zu bilden (zum Beispiel Katze – Hund – Pferd – Kuh – Huhn) und Wortpaare, die ihrer logischen Bedeutung nach zusammengehören (etwa die Gegensätze zu «leise» oder «niedrig»), oder eine Argumentenkette zusammenzustellen, deren Glieder klar auseinander hervorgehen. Obwohl die Kranken aus allen ihnen vorgelegten Argumenten Folgerungen zu ziehen vermochten, waren sie unfähig, eine der oben genannten Aufgaben zu erfüllen. Sie konnten sich, kurz gesagt, nur passiv oder reaktiv verhalten. Der aktive Fluß ihrer komplexen psychischen Prozesse ist gestört.

Die Erfahrung zeigte nun, daß in den meisten Fällen der Wiederaufbau des Denkens bis zu einem gewissen Grad möglich war. Dazu mußten wir die innere Steuerung der psychischen Prozesse durch eine äußere ersetzen, die von der Interaktion mit anderen Personen abhängt. Mit anderen Worten, wir nutzten äußere Reize, um die intellektuelle Tätigkeit des Kranken zu organisieren und zu aktivieren. Die Betroffenen können zum Beispiel Geschichten nur mit Hilfe fortwährender Nachfragen erzählen. Einfache Fragen wie «Was war dann?» oder «Was passierte danach?» verwandelten das erzählende Sprechen in eine Kette von Antworten. Dies belegt, daß die Denkinhalte intakt geblieben waren, sich aber Probleme bei der Organisation des Denkverlaufs ergaben.

Wir machten uns erneut die vorhandenen Fähigkeiten der Patienten zunutze und fanden Wege, um die Denkstörung zu kompensieren. Da unsere Beobachtungen gezeigt hatten, daß Patienten flüssiger erzählen, wenn sie sich mit jemandem unterhalten, legten wir ihnen nahe, sich beim Antworten ein Gespräch mit einer Person vorzustellen, die ihnen Fragen stellt. Auf diese Weise entwickelte sich das Sprechen als innerer Dialog mit einem imaginären Gesprächspartner. Das half bisweilen, aber nicht immer. Als effektiver erwies es sich, eine Reihe von Hilfszeichen zu geben, die als äußere Mittel zur Redeorganisation dienen konnten. Nach einiger Zeit erinnerten diese Kranken an Gedächtniskünstler, die sich eine lange Reihe von Wörtern anhand selbst geschaffener innerer Hilfsreize einprägen; mit dem Unterschied allerdings, daß hier die Hilfsreize zunächst von außen kamen. Wir begannen die Arbeit damit, daß wir Patienten baten, einen Textabschnitt durchzulesen und währenddessen passende Kommentare abzugeben. Dann zeigten wir ihnen, wie sie diese Bemerkungen zur Organisation ihrer Erzählungen verwerten konnten.

Diese Methode führte insgesamt zu beachtlichen Erfolgen, allerdings nur in bezug auf relativ einfache Formen der Nacherzählung. Zur Wiederherstellung des aktiven Äußerungsvermögens eignete sie sich nicht, da dieses gewöhnlich auf inneren Zusammenhängen des Gesagten beruht. Das Verfahren half den Patienten auch nicht dabei, Übergänge zwischen Ereignissen oder Gedanken herzustellen. Sie erhielten deshalb Kärtchen, auf denen Wörter wie «jedoch», «während», «währenddessen», «als», «obwohl», «nachdem» und «da» standen. Danach forderten wir sie auf, passende auszusuchen und sie beim Aufbau ihrer Erzählung zu verwenden. Wir vermuteten, daß die Kärtchen zunächst die Orientierung erleichtern könnten und die Kranken dann nach und nach diese Überleitungswörter selbständig zu verwenden beginnen würden.

Unsere Hypothese erwies sich als richtig, so daß die Kärtchen bei der Behandlung oft eine entscheidende Rolle spielten. Zum Beispiel baten wir einen Patienten, dem die Wiedergabe bekannter Erzählungen große Schwierigkeiten bereitete, Tolstojs Novelle «Der tollwütige Hund» nachzuerzählen. Dazu erhielt er Kärtchen mit Überleitungswörtern, die er sehr sorgfältig studierte. Anschließend gab er die Erzählung vollständig und fließend wieder:

«*Einst* kaufte ein reicher Mann ein kleines Hündchen, und *als* es groß war, nahm es der Reiche mit auf die Jagd. *Einmal* kam ein tollwütiger

Hund in den Garten, in dem die Kinder spielten. Der Reiche sah ihn und begann zu schreien; die Kinder hörten es und liefen dem tollwütigen Hund entgegen. *Da* kam der Hund des Mannes, und sie begannen zu kämpfen ...»

Die Überleitungswörter stifteten die für die Kranken notwendigen Zusammenhänge zwischen der gerade beschriebenen und der anschließenden Handlung. Nach unserer allgemeinen Theorie erzeugen die Überleitungswörter notwendige Intentionen und helfen einer Person, ihre Äußerung zu organisieren. So benutzt sie jede Etappe als Zwischenziel zur Verwirklichung der nächsten. Die Aufgabe, die Erzählung im Kopf zu behalten, bildet den Gesamtplan, in dessen Rahmen die einzelnen Sätze stehen. Jeder dieser Sätze muß mit dem allgemeinen Plan übereinstimmen, wobei die Überleitungswörter die Funktion intentionaler Verbindungsglieder übernehmen.

Im angeführten Beispiel verwendete der Patient noch *äußere* Hilfsmittel. Im Verlauf der folgenden Monate wurde seine Fähigkeit, Ereignisse zu beschreiben und Erzählungen wiederzugeben, auf diese Weise wieder aufgebaut. Es tauchten sogar spontan neue Überleitungswörter auf, und die Erzählungen wurden flüssiger. Besonders bemerkenswert war, daß seine schriftlichen Leistungen keinerlei pathologische Merkmale mehr aufwiesen. Darüber hinaus konnte er den Inhalt von Bildern jetzt selbständig beschreiben, wozu er früher völlig unfähig gewesen war.

Die Methode der Überleitungswörter ist dann von Nutzen, wenn der Patient Zugang zum Thema findet und der Defekt ausschließlich in einer Störung der dynamischen Denkschemata besteht. Sie ist allerdings untauglich, wenn Personen den allgemeinen Plan der Erzählung nicht verstehen. Dann ähnelt die Situation einem Puzzle, in dem die einzelnen Teile für einen Kranken derart durcheinandergeraten sind, daß er weder das allgemeine Muster erkennen noch die einzelnen Teile in ihre angemessene Position bringen kann: «Ich sehe hier ein Stückchen, eins dort und da noch eins», sagte einer unserer Patienten, «ich kann aber die ganze Handlung nicht erfassen.» In solchen Fällen forderten wir die Kranken auf, die Fragmente einer Erzählung, die sie behalten hatten, auf einzelne Blätter zu schreiben, ohne die Reihenfolge zu beachten. Danach erst sollten sie versuchen, die Zettel in eine bestimmte Ordnung zu bringen.

Mit dieser Methode erzielten wir teilweise beeindruckende Erfolge. Das folgende Beispiel veranschaulicht das Verfahren an einer Erzählung.

Erneut lasen wir einem Patienten, dem es außerordentlich schwerfiel Geschichten nachzuerzählen, eine Geschichte vor: Tolstojs Erzählung «Wie sich der Dieb verriet». Dann forderten wir ihn auf, alle Fragmente, an die er sich erinnern konnte, auf Zettel zu schreiben und diese in die erforderliche Reihenfolge zu bringen. Daraufhin sollte er die ganze Geschichte niederschreiben. Die beiden ersten Teilaufgaben löste er folgendermaßen:

Die ursprünglichen Notizen:
1. Wie er zu niesen begann und sich verriet.
2. Einst wollte ich Dieb einen ausländischen Kaufmann berauben.
3. Als sie auf dem Dachboden waren und niemanden fanden.
4. Der Kaufmann sagte dem Arbeiter, daß sich jemand auf den Dachboden geschlichen habe.
5. Wie der Dieb sich in einem Tabakhaufen versteckte.

Die endgültige Anordnung:
1. Einst wollte ein Dieb einen ausländischen Kaufmann berauben.
2. Der Kaufmann sagte dem Arbeiter, daß sich jemand auf den Dachboden geschlichen habe.
3. Wie der Dieb sich in einem Tabakhaufen versteckte.
4. Als sie auf dem Dachboden waren und niemanden fanden.
5. Wie er zu niesen begann und sich verriet.

Nachdem der Patient diesen Plan aufgestellt hatte, erzählte er die Geschichte klar und flüssig nach. «Vorher purzelten alle fünf Sätze in meinem Kopf durcheinander, und ich wußte nicht, welchen davon ich auswählen sollte», erklärte er. «Jetzt denke ich immer nur an einen Satz, und alles klappt gut.»

Später baten wir den Kranken, die Geschichte seiner Verwundung zu erzählen. Er brachte drei Zeilen zu Papier und behauptete dann, er könne nicht weiterschreiben. All unsere Bemühungen, ihn zum Weiterschreiben zu überreden, scheiterten. Er verweigerte sich unseren Bitten und behauptete, daß er sich in dem Chaos in seinem Kopf nicht zurechtfinden könne. Dann forderten wir ihn erneut auf, sich der Zettel zu bedienen. Im Laufe der folgenden Stunden schrieb er vierzehn verschiedene Sätze so nieder, wie sie ihm in den Sinn kamen, ohne darauf zu achten, in welcher Reihenfolge sie standen. Schließlich brachte er sie in die erforderliche Ordnung und schrieb folgenden Bericht über seine Verwundung:

«Am 11. Dezember war ich an der Front. Am Morgen war es wolkig, es fiel Schnee, und es ging ein leichter Wind. Ich stand an der Kommandostelle; bei mir waren der Politoffizier P. und einige Soldaten. Es gab ein kleines Feuergefecht. Die Soldaten fragten mich, ob sie das Feuer auf den Feind erwidern sollten. Ich antwortete ihnen, daß die Zeit noch nicht gekommen sei. Eine Stunde später erteilte ich den Befehl, das Feuer zu eröffnen. Zu dieser Zeit waren die Soldaten in guter Verfassung, und es gab keine Verluste. Ich beobachtete, wie die Geschosse in den feindlichen Stellungen explodierten.

Um 4 Uhr morgens wurde ich am Kopf schwer verwundet. Ich erinnere mich, wie Genosse P. sagte, der Kommandeur sei tot. Ich konnte ihm nicht sagen, daß ich lebe, aber ich dachte, wie leicht es ist zu sterben... An mehr kann ich mich nicht erinnern. Ich weiß nicht, wie man mich ins Lazarett gebracht hat. Ich erinnere mich aber, wie man mich auf dem Flugplatz der Stadt W. aus dem Flugzeug trug. Dann erfuhr ich, daß sich in dieser Stadt ein chirurgisches Krankenhaus befindet und daß ich operiert werden sollte. Als ich ins Krankenhaus eingeliefert wurde, sagte mir der Chirurg während einer Visite, daß man mich am Abend operieren würde. Das war am 13. Dezember 1942. Der Abend kam, die Sanitäter brachten mich in den Operationssaal und legten mich auf den Tisch; es fiel mir schwer, liegenzubleiben, und ich fragte immer wieder, ob die Operation bald zu Ende sei. Man sagte mir: ‹Du mußt noch ein wenig aushalten›, und ich mußte natürlich all das durchstehen.»

Die Anwendung dieses Verfahrens verlangte dem Kranken viel Kraft ab. Es brauchte noch einige Zeit nach der Entlassung aus dem Krankenhaus, ehe es ihm gelang, seinem Vorgesetzten einen Bericht zu schreiben.

Diese Beispiele stehen für unsere Rehabilitationsarbeit mit Tausenden von Kranken, die wir während vieler Jahre beobachteten. In jedem Fall war die diagnostische und rehabilitatorische Arbeit eng mit den Prinzipien Wygotskijs verbunden, der zuerst darauf hingewiesen hatte, daß der Zerfall der höheren psychischen Funktionen als Mittel zu ihrer Analyse dienen kann. Ich hoffe, daß ich unseren Forschungsansatz genauso wie den Zusammenhang zwischen der Theorie der Diagnostik und der Praxis der Rehabilitation ausreichend verdeutlichen konnte. Alle von uns entwickelten Verfahren beruhen auf Wygotskijs allgemeiner Theorie des kulturhistorischen Ursprungs der höheren psychischen Funktionen beim Menschen. Diese Arbeit, bei der mich viele hochbegabte Mitarbeiter unterstützt haben, stand 25 Jahre lang im Mittelpunkt meiner Aufmerksamkeit. Es wird noch vieler Anstrengungen bedürfen, um unsere Methoden und Experimente zu vervollkommnen. Wir hoffen jedoch, eine Grundlage für künftige Fortschritte geschaffen zu haben.

Mechanismen des Gehirns

Gegen Ende des Krieges hatten sich unsere Kenntnisse der morphologischen – oder zerebralen – Organisation der höheren psychischen Prozesse erheblich erweitert. Zum einen wußten wir bedeutend mehr über den Aufbau jener inneren, verborgenen Aktivitäten; zum anderen verstanden wir die Rolle viel besser, die die einzelnen Hirnregionen bei dieser Tätigkeit spielen. Längst vorbei waren die Zeiten, da man glaubte, die psychischen Prozesse ergäben sich aus der Arbeit entweder eng begrenzter Regionen oder der gesamten «Masse» des Gehirns. Also wandten wir uns der nächsten Aufgabe zu: der Erklärung der neurophysiologischen oder neurodynamischen Mechanismen, die der Tätigkeit der verschiedenen Hirnregionen zugrunde liegen. Eine derartige Forschung war unerläßlich, wollten wir nicht bei bloßen Beschreibungen stehenbleiben, die zwar sehr wertvoll sind, aber nicht das letzte Ziel wissenschaftlicher Forschung bilden.

Um wirklich voranzukommen, mußten wir auf beiden Gebieten, die mich mein Leben lang fasziniert haben, Fortschritte erzielen. Es war notwendig, einerseits unser Verständnis der neurophysiologischen Mechanismen zu vertiefen und andererseits die psychologische Analyse der Funktionen selbst zu verfeinern. Um beide Seiten – die «neurologische» und die «psychologische» – in einem Konzept zusammenfassen zu können, wählten wir den Begriff «Neuropsychologie». Die Entwicklung dieses Wissenschaftsgebiets erforderte viel Zeit und die Hilfe vieler Mitarbeiter. Ich hatte großes Glück: Eine Gruppe junger Wissenschaftler, die an der Universität Moskau Psychologie studiert hatten, treue Freunde und Kollegen gaben mir wertvolle Unterstützung.

Zu den Mitarbeitern, von denen ich in den vergangenen Jahren große Hilfe erhielt, zählen: E. D. Chomskaja, mit der ich eine Vielzahl von Untersuchungen durchführte und die sich zu einer unabhängigen und hochbegabten Wissenschaftlerin mit reicher psychologischer Erfahrung und umfassenden experimentellen Kenntnissen entwickelt hat; N. A. Filippytschewa, herausragende Expertin für klinische Neuropsychologie und Neurophysiologie; A. J. Meschtscherjakow, der mir in der ersten Phase der Arbeit behilflich war, bevor er sich seinen inzwischen klassischen Untersuchungen an blind und gehörlos geborenen Kindern zuwandte; L. S. Zwetkowa *, die einen großen Teil ihrer Arbeit der Wiederherstellung psychischer Funktionen gewidmet hat; und natürlich O. S. Winogradowa, hervorragende Experimentatorin und begabte Denkerin, die in unserer Forschungsarbeit eine Schlüsselstellung einnimmt. Aus der älteren Generation unterstützten uns der 1966 verstorbene N. A. Bernstein – seine theoretischen Kenntnisse der dynamischen Systeme waren von unschätzbarem Wert – und J. N. Sokolow **, einer der erfahrensten und besten Psychophysiologen der Welt; er war eng an unseren Analysen des Gedächtnisses und der Orientierungstätigkeit beteiligt. Doch bin ich auch Vertretern der jüngeren Generation zu Dank verpflichtet. Zu ihnen zählen E. G. Simernizkaja, die uns mit ihren Kenntnissen der interhemisphärischen Zusammenhänge half, und N. K. Kijaschtschenko, der interessante Untersuchungen über Gedächtnisstörungen durchführte. Diesen und vielen anderen Menschen, die ich aus Platzgründen hier nicht erwähnen kann, schulde ich große Dankbarkeit. Sie machten möglich, was die Kräfte eines einzelnen Menschen überfordert hätte.

In den zurückliegenden Jahren galt unsere Aufmerksamkeit zwei Hauptproblemen, die unmittelbar mit dem Verständnis der den komplexen psychischen Funktionen zugrundeliegenden Mechanismen zusammenhängen. Unser erster Untersuchungsgegenstand war die Neurophysiologie der Stirnlappen, die wir bis dahin lediglich einer verhältnismäßig globalen Analyse unterzogen hatten. Ferner konnten wir durch Arbeiten von Magoun, Moruzzi, Jasper, Donald Lindsley und Wilder Penfield unser Wissen über die Stammhirnfunktionen, insbesondere hinsichtlich der auf- und der absteigenden Formatio reticularis, erheblich erweitern.

* Ljubow Semjonowna Zwetkowa, sowjetische Neuropsychologin, enge Mitarbeiterin Lurijas, hat sich unter anderem mit der Problematik der Rehabilitation hirngeschädigter Funktionen (insbesondere der Sprache und der sprachgebundenen intellektuellen Funktionen) beschäftigt.

** Jewgenij Nikolajewitsch Sokolow, sowjetischer Neurobiologe, enger Mitarbeiter Lurijas, Spezialist für die Modellierung von Nervenprozessen und deren Funktionen; seine mit Leonid Alexandrowitsch Schmelew verfaßte ‹*Neurobionik*› (die Wissenschaft vom Aufbau technischer Systeme aus neuronalen Elementen) wurde 1983 in Moskau veröffentlicht.

Lurija mit seiner Tochter Jelena, 1955 (oben) und 1961 (unten)

Wie Horace Winchell Magoun (1958) und Giuseppe Moruzzi (1962) zeigen konnten, weist die Formatio reticularis * als wichtigster Teil des Stammhirns besondere strukturelle Merkmale auf, die auch bei der Steuerung des funktionalen Gesamtzustands des Gehirns eine wichtige Rolle spielen. Im Gegensatz zur Hirnrinde besteht die Formatio reticularis nicht aus isolierten Neuronen, die durch ihre Axone einzelne Impulse weiterleiten, sondern aus Nervenzellen, die wie ein Netzwerk durch Fortsätze miteinander verbunden sind. Aufgrund dieses Aufbaus breitet sich die Erregung graduell und nicht nach dem Alles-oder-nichts-Prinzip aus. So kann sich das Erregungsniveau des retikulären Systems schrittweise verändern und das gesamte Nervensystem modulieren.

Unser früherer Ansatz in der Gehirnforschung läßt sich als «horizontal» kennzeichnen: Er war auf die Untersuchung von Prozessen gerichtet, die auf dem gleichen Organisationsniveau stattfinden. Der neue Forschungsansatz lenkte unsere Aufmerksamkeit auf die «vertikalen» Zusammenhänge zwischen tiefer und höher liegenden Gehirnstrukturen. Uns interessierten vor allem die Prozesse, mit deren Hilfe das Gehirn das Niveau seiner eigenen Aktivierung erzeugt und kontrolliert.

Schon zu Beginn zeigte sich, daß die Formatio reticularis bei der Aktivierung des Gehirns eine entscheidende Rolle spielt. Diese Aktivierung hielt man zunächst für unspezifisch; jede beliebige Erregung – ein lautes Geräusch, der Geruch von Würstchen, der Anblick eines Schmetterlings – sollte aktivierend auf die Formatio reticularis wirken, die dann ihrerseits andere Regionen des Gehirns aktiviert, unabhängig vom sinnesspezifischen Charakter der auslösenden Reize. Doch es stellte sich bald heraus, daß sinnesspezifische Besonderheiten durchaus eine Rolle spielen. Würstchen und Schmetterlinge sprechen verschiedene Hirnregionen in je anderer Weise an. Daraus ergab sich die Notwendigkeit, sowohl die unspezifischen als auch die spezifischen Aktivierungsfunktionen der Formatio reticularis zu berücksichtigen.

Die zweite wesentliche Frage, die sich uns stellte, betraf die Richtung des aktivierenden Einflusses. Die frühesten Forschungen basierten noch auf der Annahme, die Erregung steige von den niederen zerebralen Orga-

* Dreidimensionales, teilweise Zellhäufungen enthaltendes Maschenwerk des Nervensystems im Rauten-, Mittel- und Zwischenhirn, maßgeblich verantwortlich für den Bewußtseins- und Wachzustand. Angaben über die Neuroanatomie und die Funktionen von Hirnregionen enthält Lurijas Buch ‹*Das Gehirn in Aktion*› (Lurija 1992).

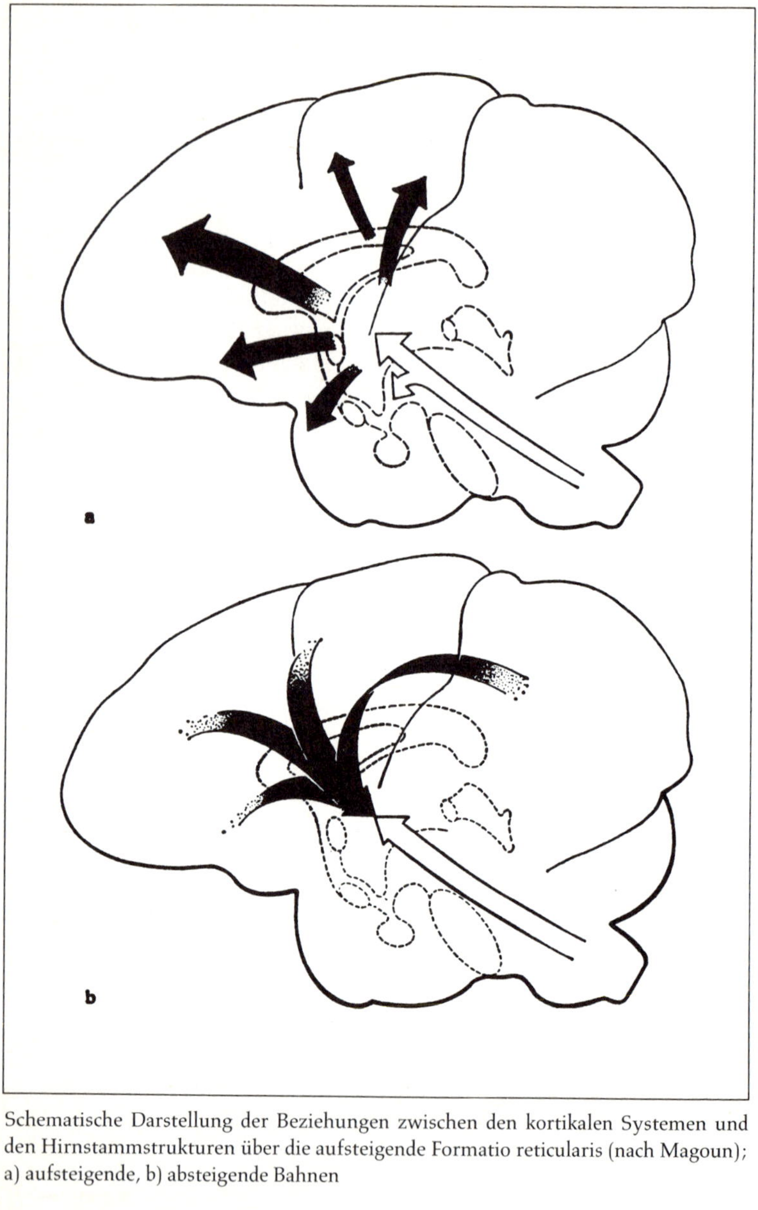

Schematische Darstellung der Beziehungen zwischen den kortikalen Systemen und den Hirnstammstrukturen über die aufsteigende Formatio reticularis (nach Magoun); a) aufsteigende, b) absteigende Bahnen

nisationsebenen zu den höheren auf. Doch bald wurde klar, daß auch entgegengesetzte Vorgänge zu beobachten sind: Unter bestimmten Umständen können die höheren Ebenen einen aktivierenden Einfluß auf die niedrigeren oder periphereren Ebenen ausüben oder deren Tätigkeit modulieren.

Wie erwartet entdeckten die Neuroanatomen, daß die Struktur der Formatio reticularis sowohl auf- als auch absteigende Fasern enthält, von denen einige nur bestimmte Formen der Erregung weiterleiten, andere hingegen unspezifisch aktiviert werden und auf das gesamte Gehirn Einfluß zu nehmen scheinen.

Um festzustellen, welche Tätigkeitsmerkmale des Gehirns sich am besten für unser Forschungsziel eigneten, bedienten wir uns in breitem Umfang des Elektroenzephalogramms, um die elektrische Aktivität des Gehirns zu messen. Ein normaler Erwachsener im Wachzustand zeigt bekanntlich eine Kombination unterschiedlicher Schwingungen, unter denen die sogenannten Alpha-Wellen dominieren – vorausgesetzt, er ist keinen speziellen Reizen ausgesetzt. Gibt man jedoch einen Stimulus vor, verändert sich die bioelektrische Aktivität, und die Alpha-Wellen werden unterdrückt. Dies ist eines der Hauptmerkmale zerebraler Aktivierung.

In den fünfziger Jahren konzentrierten wir uns mittels des Elektroenzephalogramms besonders auf die Rolle des Stirnhirns bei der Organisation und Aufrechterhaltung der Aktivierungsniveaus des Gehirns. Wir vermuteten, daß die uns bekannten Stirnlappenstörungen die Steuerung des Aktivierungsniveaus unterschiedlicher zerebraler Subsysteme beeinträchtigen. Es war Chomskaja, die damals den Grundstein für eine Forschungsreihe legte, die noch fast zwei Jahrzehnte lang fortgeführt wurde. In unserem Laboratorium im Burdenko-Institut für Neurochirurgie errichteten wir eine spezielle Abteilung, in der wir unsere neuropsychologischen und neurophysiologischen Arbeiten mit der erforderlichen Koordination durchführen konnten.

Ausgangspunkt waren die Forschungen Sokolows über den Orientierungsreflex beziehungsweise den Pawlowschen «Was ist das?»-Reflex. Dieser Orientierungsreflex eignete sich hervorragend für unsere Zwecke, weil sich in ihm sowohl die spezifischen wie auch die unspezifischen Charakteristika der zerebralen Erregung manifestieren. Unser meistverwendetes Experimentalmodell leitete sich aus Techniken ab, die ich um diese Zeit mit Winogradowa entwickelt hatte. Obwohl wir dabei galvanische und Gefäßreaktionen als Indikatoren spezifischer und unspezifischer Erregung benutzt hatten, war die Logik die gleiche. Sie bestand darin, die Aktivierungsreaktionen auf Signal- und Nichtsignalreize miteinander zu vergleichen.

Bei dem Experiment setzten sich die Versuchspersonen still auf einen Stuhl, den wir in einen Raum gestellt hatten, in dem nichts Besonderes passierte. Danach las man ihnen über einen Lautsprecher eine Liste von Wörtern vor, zwischen denen jeweils ein ungefähr einminütiges Zeitintervall lag – mit hinreichender Abweichung, so daß die Probanden nicht voraussehen konnten, wann das nächste Wort kommen würde.

Als Reaktion auf das erste Wort ergab sich eine unspezifische Aktivierung, die sich in der Minderung des psychogalvanischen Hautwiderstands und im Abfall der Durchblutung der Finger äußerte. Je mehr neue Wörter dargeboten wurden, desto stärker verringerte sich die Intensität dieses Orientierungsreflexes. Nach zehn bis fünfzehn Wörtern verschwand er ganz. Wir gingen dann dazu über, der Versuchsperson mit dem Wort, zum Beispiel «Haus», einen leichten Elektroschock auf die Hand zu verabreichen. Es erübrigt sich zu sagen, daß dieser Schock einen neuen Orientierungsreflex und eine Erhöhung des Aktivierungsniveaus hervorrief, und zwar nicht nur als Reaktion auf den Schock, sondern auch bei den folgenden Wörtern.

Indem wir den Schock jedoch selektiv, also nur in Verbindung mit bestimmten Wörtern verabreichten, verliehen wir diesen Reizwörtern eine größere Relevanz, was uns die Möglichkeit gab, das Ausmaß der selektiven Aktivierung in Verbindung mit Wortbedeutungen zu erfassen. Fügten wir zum Beispiel das Wort «Hütte» nach dem Wort «Haus» (im Russischen: *dom*) ein, so konnten wir feststellen, daß beide Wörter – und zwar nur diese – bei den Versuchspersonen eine Orientierungsreaktion hervorriefen. Daß dies an der Bedeutung des Wortes lag, zeigte der Versuch mit dem akustisch ähnlichen Wort «Band» (im Russischen: *tom*), auf das normale Erwachsene in einem Fall wie diesem keine Orientierungsreaktion zeigen.

Weitere neurophysiologische Untersuchungen sollten erweisen, wie die Stirnlappen die Aktivierung des Gehirns beeinflussen. Wir verfolgten den unspezifischen Effekt aller möglichen Reizarten, und wir verliehen bestimmten Stimuli eine Signalbedeutung, um unspezifische mit spezifischer Aktivierung vergleichen zu können.

Die Ergebnisse der von Chomskaja und ihren Mitarbeitern durchgeführten Analysen waren für das Verständnis der Stirnlappenfunktionen äußerst bedeutungsvoll. Tests mit Gesunden und Kranken, deren hintere Hirnregionen geschädigt waren, hatten spezifische wie unspezifische Erregungsmuster ergeben. Erhielten die Versuchspersonen einführende Anweisungen wie «Auf das Wort ‹Haus› folgt die Verabreichung eines Stromstoßes» beziehungsweise «Nach dem Wort ‹Haus› erfolgt kein Stromstoß», stellten wir folgendes fest: Instruktionen, die eine selektive Aktivierung erforderten, führten sowohl zu einem insgesamt höheren Erregungsniveau als auch zu charakteristischen Ausschlägen, wenn der Zielreiz («Haus») auftrat. Anweisungen des zweiten Typs bewirkten nichtselektive und weniger dauerhafte Erregungszustände.

Die Untersuchung der Kranken mit Stirnhirnverletzungen, die sich zumeist durch Antriebsmangel auszeichnen, ergab ein ganz anderes Bild. Bei ihnen riefen die Reize ohne spezielle Bedeutung eine deutliche Veränderung des Elektroenzephalogramms hervor, die der normaler Versuchspersonen glich. Wurde jedoch den Reizen durch Anweisung eine Signalbedeutung verliehen, traten in den Wellen des Elektroenzephalogramms keinerlei Veränderungen auf. Diese Ergebnisse belegen, daß die Stirnlappen für die Steuerung des zerebralen Aktivitätsniveaus verantwortlich sind: Bei gesunden Menschen spiegelt sich die Instruktion unmittelbar im Elektroenzephalogramm wider, und zwar in Gestalt einer Verstärkung der Aktivierungsreaktion auf die Signalreize.

Dank dieses Meßverfahrens waren wir nun in der Lage, eine Reihe grundlegender *psychologischer* Beobachtungen zu wiederholen und durch Einbeziehung der elektroenzephalographisch nachvollziehbaren *physiologischen* Prozesse zu erweitern. Die folgenden Untersuchungen, die in Veröffentlichungen Chomskajas wie auch in einigen meiner Publikationen dokumentiert sind, zeigen, daß die Stirnlappen das Verhalten eines gesunden Erwachsenen über das Niveau der Aktivierung steuern, das durch verschiedene sprachliche Reize ausgelöst wird. Wir wiederholten zum Beispiel viele frühere Experimente, die auf der Methode der motorischen Kopplung beruhten. Unsere Vorgaben lauteten: «Drücken Sie den Knopf, wenn das rote Licht aufleuchtet» oder: «Wenn Sie das rote Licht sehen, drücken Sie mit der rechten Hand; sehen Sie das grüne Licht, drücken Sie mit der linken». Kranke mit Stirnhirntraumen lösten die Aufgabe vielleicht einige Male richtig, danach brach der kortikale Tonus zusammen, und es traten Fehler auf. Die Versuchspersonen drückten etwa den Knopf auch dann, wenn das Licht nicht mehr leuch-

Lurija 1967 bei einer Vorlesung am Moskauer Burdenko-Institut für Neurochirurgie

tete, oder sie reagierten mit derselben Hand auf jeden beliebigen Reiz, was den Verlust ihrer Entscheidungsfähigkeit anzeigte.

Auch in diesen Fällen konnten sie zwar die Instruktion fehlerfrei wiederholen, doch hatte sie ihre steuernde Funktion eingebüßt. Ebenfalls intakt waren die sprachlichen Äußerungen der Kranken: Beim Aufleuchten des roten Lichts konnten sie «rot» sagen; die Steuerung der motorischen Reaktion aber versagte.

Diese Ergebnisse entsprachen den in unseren früheren Forschungen gewonnenen Daten vollkommen. Dort hatten wir es mit Drei- bis Dreieinhalbjährigen zu tun gehabt, deren Gehirn sich noch im Wachstum befand. Gerade in dieser Periode, in der die Myelinisation der Nervenfasern im Stirnhirn zum Abschluß kommt, beginnen die Kinder ihr Verhalten gemäß sprachlichen Anweisungen zu steuern. In beiden Fällen gab es Hinweise darauf, daß die Organisation bewußten Handelns beim

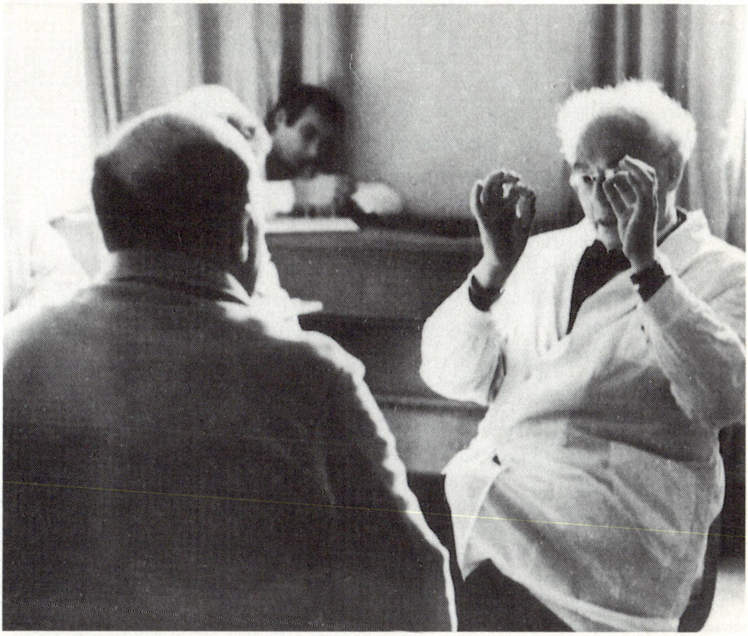

Mit Patienten am selben Institut

Menschen entscheidend von den neurophysiologischen Mechanismen der Stirnlappen abhängt. Bei Kindern entwickelt sich das Gehirn zur selben Zeit, in der höhere Verhaltensformen ausgebildet werden, die sozialer Natur und sprachlich vermittelt sind. Erwachsenen mit Stirnhirnschädigungen stehen diese höheren Formen nicht mehr zur Verfügung.

Nun galt es, unsere Forschung in zwei verschiedene Richtungen auszuweiten. Die erste wies sozusagen nach «unten» in die Neurophysiologie, die zweite dagegen auf die genaue Erfassung der psychischen Prozesse, die sich aus der Interaktion zwischen dem Gehirn eines Menschen und seinem sozialen Umfeld ergeben.

Um in dieser zweiten Richtung voranzukommen, bedurfte es in der Neuropsychologie mehr als vierzig Jahre. Unser Gegenstand war so kompliziert, daß ich ihm einen neuen Namen gab; der Terminus «Neurolinguistik» verrät, wie eng dieser Forschungszweig mit unserem Verständnis der menschlichen Sprache zusammenhängt. Obgleich linguistische Phänomene in vielen meiner Untersuchungen eine Rolle gespielt hatten, ist dieser Aspekt hier bisher ein wenig zu kurz gekommen. Das Thema «Sprache und Gehirn», mit dem ich mich in den folgenden Jahren intensiv beschäftigte, veranschaulicht exemplarisch das Wesen unserer neuropsychologischen Fragestellung.

Mein Interesse an sprachlichen Phänomenen erwuchs ganz selbstverständlich aus meinen frühen Forschungen nach der Methode der motorischen Kopplung und aus Wygotskijs Theorie, die die vermittelnde Rolle der Sprache im Verhältnis zwischen Mensch und sozialer Umgebung unterstreicht. Ernsthafte Sprachstudien jedoch unternahm ich erst im Rahmen meiner neuropsychologischen Forschungen zur sensorischen und semantischen Aphasie.

Die sensorische Aphasie ist ein Zustand, in dem ein Kranker zwar sprechen, aber sprachliche Äußerungen nicht mehr verstehen kann. Es war bekannt, daß die Ursachen dieser Störung nicht in verminderter Hörfähigkeit oder mangelnder Intelligenz liegen konnten. Außerdem hatte ich, wie erwähnt, festgestellt, daß Menschen mit sensorischer Aphasie zwar einzelne Wörter verstehen, aber Schwierigkeiten mit Wortverbindungen haben, in denen Kasusbeziehungen oder räumliche Relationen zum Ausdruck kommen. Obwohl diese Beobachtungen interessant waren und möglicherweise diagnostische Relevanz besaßen, konnte ich ihre Bedeutung nicht wirklich einschätzen. Als Kliniker hatte ich Otto Pötzls Buch ‹*Die Aphasielehre vom Standpunkt der klinischen Psychiatrie*›*, Henry Heads ‹*Aphasia and Kindred Disorders of Speech*› sowie die Arbeiten Adhemar Gelbs**, Kurt Goldsteins und anderer Autoren studiert. Diese neurologischen Forschungen führten mich zu der Überzeugung, daß ich herausfinden mußte, auf welche Weise das Gehirn räumliche und quasiräumliche Informationen verarbeitet, und wie es Menschen gelingt,

* Otto Pötzl (1877–1962), österreichischer Psychiater und Neurologe, ab 1922 Professor in Prag, von 1928 bis 1945 in Wien. Seine Arbeit ‹*Die Aphasielehre vom Standpunkt der klinischen Psychiatrie*› erschien 1928 in Leipzig.

** Adhemar Gelb (1887–1936), ungarisch-deutscher Psychologe, promovierte bei Carl Stumpf in Berlin, führte ab Juni 1915 psychologische Untersuchungen an hirnverletzten Soldaten im Speziallazarett für Hirnverletzte in Frankfurt am Main durch, lehrte ab 1920 an der Universität Frankfurt am Main, ab 1931 an der Universität Halle, wurde im September 1933 von den nationalsozialistischen Machthabern in den Ruhestand versetzt. Arbeitete eng mit Kurt Goldstein zusammen.

sich ein zusammenhängendes und dennoch detailliertes Bild von einer Situation zu machen. Zu diesem Zweck war es nötig, auch die Ergebnisse der damaligen Linguistik der späten dreißiger Jahre zu berücksichtigen.

Eines der ersten Bücher, das großen Einfluß auf meine linguistischen Studien ausgeübt hat, waren Nikolaj Trubezkojs 1939 in Prag veröffentlichte ‹*Grundzüge der Phonologie*›.* Dieses Buch veränderte die herrschenden Vorstellungen von den Mechanismen der sprachlichen Lautorganisation völlig. Trubezkoj hatte den Beweis erbracht, daß die Wahrnehmung von Wörtern nicht ausschließlich von den physikalischen Lautmerkmalen (Tonhöhe usw.) abhängt, sondern auch vom Wert der Laute als Mittel zur Unterscheidung der Wortbedeutungen. Dieser phonematische Aspekt sei es vor allem, durch den sich die Sprachen unterschieden, nicht ihre akustische Lautorganisation allein. Wenn ich die sensorische Aphasie begreifen wollte, mußte ich also dazu übergehen, den Zusammenbruch des Systems der Phoneme zu analysieren. Meinen ersten Arbeiten war die Orientierung an Trubezkojs Lehre nicht leicht anzumerken. Ich beobachtete Kranke, die zwischen «b» und «p» oder «d» und «t» nicht unterscheiden konnten, was man damals «Entfremdung vom Wortsinn» nannte. So wiederholte ein Patient zum Beispiel verständnislos: «Pose... was bedeutet das? ... Dose... Rose...?»

Ich wußte, daß Menschen mit Schädigungen im temporo-parieto-okzipitalen Bereich sprachliche Äußerungen nur mit Mühe verstehen, aber der Zusammenhang zwischen bestimmten grammatikalischen Operationen und dieser Hirnregion war mir noch unbekannt. An jenem Punkt machte mich Winogradowa, auf den jungen schwedischen Linguisten Carl S. Svedelius** aufmerksam, der in seiner Arbeit ‹*L'analyse de langage*›,

* Nikolaj Sergejewitsch Trubezkoj (1890–1938), russischer Sprachwissenschaftler und Ethnograph, emigrierte 1919, war ab 1923 Professor an der Universität Wien, wandte die von dem schweizerischen Linguisten und Indogermanisten Ferdinand de Saussure (1857–1913) vorgeschlagene Trennung zwischen der Sprache als einem unpersönlichen, überindividuellen System (*langue*) und der individuellen Sprechhandlung (*parole*) auf den Bereich der Sprachlaute an und begründete damit die eigenständige Disziplin der Phonologie, die nicht von den physikalischen Eigenschaften der Laute, sondern von der stimmlichen Artikulation und deren bedeutungsbildender Funktion im Sprechen ausgeht. Trubezkoj gehörte mit Jakobson (siehe Fußnote S. 171) zu den Gründern des Prager Kreises. Seine Monographie über die ‹*Grundzüge der Phonologie*› erschien 1939 in Prag.

** Carl S. Svedelius (1861–1951), schwedischer Pädagoge, promovierte mit seiner in

1897 in Uppsala veröffentlicht, die Formen der sprachlichen Verständigung in zwei Gruppen unterteilt hatte: Kommunikation über Ereignisse, deren Inhalte sich in Bildern ausdrücken lassen, und Kommunikation über Beziehungen wie «Sokrates ist ein Mensch» oder «Katja ist schöner als Maria», in denen spezielle sprachliche Mittel, etwa Präpositionen oder die Wortstellung, die Bedeutung des Gesagten bestimmen. Dem Studium dieser grammatischen Konstruktionen widmete ich die folgenden zwei Jahre.

Ich begann mit Konstruktionen des Typs «der Vater des Bruders» oder «der Bruder des Vaters», die auf einer attributiven Form des Genitivs beruhen. Meine Patienten konnten diese Konstruktionen, im Russischen *otets brata* und *brat otsa*, nicht verstehen, wohl aber andere Genitivformen – beispielsweise *kusok chleba*, «ein Stück Brot», wörtlich übersetzt «Stück des Brotes».

Nach und nach begriff ich, daß die Struktur des attributiven Genitivs einen Konflikt zwischen zwei Wörtern enthält, zu dessen Lösung eine gedankliche Transformation erforderlich ist. Es gilt, von der unmittelbaren, konkreten Bedeutung von «des Bruders» zu abstrahieren und den semantischen Gehalt des Substantivs in den eines Adjektivs umzuwandeln. In diesem Zusammenhang muß auch die Wortfolge gedanklich umgestellt werden, da im Russischen das Adjektiv dem Substantiv vorangeht; in der Konstruktion «der Vater des Bruders» aber erfüllt die Genitivform des Substantivs «Bruder» die Funktion eines Adjektivs, folgt jedoch auf das Substantiv, das es bestimmt. Eine Transformation dieses Typs ist nur dann möglich, wenn sich der Sinn der gesamten Äußerung erschließen läßt. Gerade das aber bereitete Patienten mit Schädigungen im temporo-parieto-okzipitalen Bereich große Schwierigkeiten.

Ein Seitenblick auf die sprachgeschichtliche Forschung zeigte, daß Konstruktionen des erwähnten Typs in der Entwicklung der russischen Sprache erst relativ spät aufgetreten sind. So finden wir in den slawischen Chroniken ausschließlich die einfachere Ausdrucksweise «bojarische Kinder» statt «Kinder der Bojaren». Das Fehlen der attributiven Genitivformen schien auch typisch für altdeutsche und altenglische Texte zu sein. Was bei der semantischen Aphasie solche Schwierigkeiten bereitet,

französischer Sprache verfaßten Dissertation ‹*L'analyse de langage*› 1898 an der Universität Uppsala, war danach im Schulwesen tätig; hat verschiedene sprachpädagogische Arbeiten veröffentlicht.

stellt also eine geschichtlich relativ späte Konstruktion dar und erfordert spezielle geistige Anstrengungen: Die attributive Genitivform steht für Beziehungen eines besonderen Typs, die weder im Genitivus partitivus noch in der Kommunikation über Ereignisse enthalten sind.

Die zwei Jahre, die ich zu Beginn meiner Arbeit auf das Studium der Linguistik verwandt hatte, zahlten sich aus, als ich ernsthaft an das Problem der semantischen Aphasie herantrat. Ich erkannte, daß äußerlich gleiche Sprechakte unterschiedliche geistige Anforderungen stellen. So konnte ich die Diagnostik pathologischer Symptome verbessern, die zuvor in der neurologischen Literatur in einen Topf geworfen worden waren. Als ich dann begann, die zerebrale Grundlage sprachbezogenen Verhaltens zu untersuchen, fand ich es an der Zeit, mein Studium der Sprachpsychologie fortzusetzen. Wie die Ergebnisse der Neurologie und Neurophysiologie für unsere Analyse der Mechanismen des Gehirns von großem Nutzen waren, so trugen die Fortschritte in der Linguistik wesentlich dazu bei, unser Verständnis der durch lokale Hirnschädigungen hervorgerufenen Sprachstörungen zu vertiefen. Diese beiden Stränge meiner Arbeit waren untrennbar miteinander verbunden. Wieder und wieder kehrte ich zu meinen alten Befunden zurück, nunmehr gewappnet mit den neuen linguistischen Kenntnissen.

Dank der Arbeiten Roman Jakobsons* war ich um 1940 in der Lage, eine von Ferdinand de Saussure (vgl. Fußnote S. 169) eingeführte linguistische Klassifizierung für meine eigenen Untersuchungen fruchtbar zu machen. Es handelte sich um die Unterscheidung zwischen dem paradigmatischen Aspekt der Sprache, der die Position der Wörter sowie ihre kategorialen Beziehungen betrifft und damit die Grundlage des Vergleichens und Verallgemeinerns bildet, und dem syntagmatischen Aspekt,

* Roman Jakobson (1896–1982), russisch-amerikanischer Sprach- und Literaturwissenschaftler (Schwerpunkt Slawistik), nach der Emigration aus der UdSSR von 1920 bis 1939 Professor in Brno (Brünn), emigrierte erneut, diesmal in die USA, ab 1949 Professor an der Harvard University in Cambridge, Massachusetts, seit 1957 auch am Massachusetts Institute of Technology (MIT). Jakobson stand anfänglich dem russischen Formalismus nahe, der – grob gesagt – die ästhetischen Qualitäten von Sprachkunstwerken aus den formalen Texteigenschaften ableitete; gehörte mit Trubezkoj zu den Gründern des Prager Kreises. Seine Studie über Kindersprache, Aphasie und das allgemeine Lautgesetz, in der der Versuch unternommen wird, den pathologischen Zerfall der Sprachfähigkeit als spiegelbildliche Umkehrung der Entwicklung derselben Fähigkeit beim Kind zu bestimmen, erschien 1941 in Uppsala.

der es gestattet, Wörter zu einer kohärenten Äußerung zusammenzufügen. Die paradigmatische Funktion der Sprache erlaubt es, einzelne Objekte aus der Umgebung hervorzuheben, aber auch ganze Objektgruppen zusammenzufassen und Kategorien zuzuordnen. Sie ist eng auf die Motive bezogen, die menschliche Aktivitäten bestimmen, indem sie unsere Intentionen mit unseren Gedanken verbindet.

Wenn wir die kortikale Organisation der Sprache begreifen wollen, müssen wir sowohl die kategorisierende als auch die intentionale Funktion berücksichtigen, die sich in jeder Äußerung vermischen. Man darf darüber hinaus erwarten, daß sie in den Großhirnhemisphären unterschiedlich lokalisiert sind. Werfen wir einen Blick zurück auf die Geschichte der Neurologie, so sehen wir, daß Pick bereits 1913 auf die syntagmatische Funktion der Sprache stieß, als er zu bestimmen versuchte, wie ein komprimierter Gedanke in eine fließende, sequentiell organisierte sprachliche Äußerung umgesetzt wird. Auch Jackson hatte zuvor schon auf den «propositionalen», satzbildenden Aspekt der Sprache hingewiesen und ihm große Bedeutung beigemessen.

Wir fanden heraus, daß die beiden Funktionen, wie es Wygotskij in ‹*Sprechen und Denken*› und in einigen seiner früheren Aufsätze zur Lokalisation der höheren psychischen Funktionen vorausgesagt hatte, in der Tat auf unterschiedlichen zerebralen Mechanismen beruhen. Schädigungen der vorderen Abschnitte der linken Großhirnhemisphäre, die eng mit den motorischen Funktionen zusammenhängen, stören zum Teil den Fluß des syntagmatisch organisierten Sprechens, während gleichzeitig komplexe Sprachstrukturen, die auf der paradigmatischen Organisation beruhen, mehr oder weniger intakt bleiben. Kranke mit solchen Schädigungen können einzelne Gegenstände problemlos benennen, doch ihr Sprechen zeichnet sich durch den klassischen «Telegrammstil» aus, der auf eine Störung der prädikativen Sprachfunktion zurückzuführen ist.

Ein entgegengesetztes Krankheitsbild ist typisch für Verletzungen der hinteren Hirnregionen. Hier bleibt zwar der Redefluß unbeeinträchtigt, doch ist die Fähigkeit zur Herstellung von Beziehungen zwischen einzelnen Wörtern gestört. Dies ist die linguistische Erklärung jener Fälle, in denen grammatische Konstruktionen des Typs «Bruder des Vaters» durch Schädigungen der parieto-okzipitalen Hirnregionen unverständlich werden.

Ich könnte weitere Beispiele anführen, die zeigen, wie produktiv die

Lurija, Anfang der sechziger Jahre

Verbindung linguistischer, psychologischer und neuropsychologischer Analysen in der Erforschung einzelner Formen der Sprachpathologie ist. In diesem Rahmen mag jedoch der Hinweis genügen, daß die gleichen psychischen Operationen, die für das Verstehen einzelner Wörter und einfacher Sätze erforderlich sind, auch bei längeren und komplizierteren Texten und Erzählungen ablaufen. Eine ausführliche Erörterung dieser Probleme findet sich in meinem Buch ‹*Grundfragen der Neurolinguistik*› von 1975. Hier nur noch ein einziges Beispiel, das zeigt, wie wertvoll das Zusammenspiel dieser Disziplinen ist, um die zerebrale Organisation einer so komplexen Aktivität wie der Sprache zu verstehen. Das Beispiel hängt mit dem Phänomen zusammen, das in der Literatur zur Kindersprache als «hervorgerufene Imitation» bekannt ist, in der Aphasielehre aber als «Leitungsaphasie» bezeichnet wird.

1875 hatte Wernicke eine besondere Form der Aphasie beschrieben, bei der ein Erkrankter an ihn gerichtete Äußerungen verstand und in einem gewissen Umfang die Fähigkeit zur Äußerung zusammenhängender Sätze bewahrte, aber unfähig war, Laute, Wörter oder Sätze zu wiederholen. Dieses Phänomen hielt man für paradox, weil die Person anspruchsvolle Bemerkungen machte, aber die einfachsten Sätze nicht nachsprechen konnte. Wernicke hatte vermutet, daß diese Störung auf einer Unterbrechung der direkten Verbindung zwischen den sensorischen und motorischen «Sprachzentren» beruhe, obwohl jedes dieser Zentren wie auch die Verbindung zu den hypothetischen «höheren Zentren» intakt geblieben waren. In den folgenden Jahren begegnete man in der Literatur weiteren Beschreibungen derartiger Fälle, und das Konzept einer besonderen Art der Leitungsaphasie zog sich durch die Lehrbücher.

Wie es in solchen Fällen häufig geschieht, wurden Tatsachen, die diesem einfachen Schema widersprachen, kaum beachtet. So hatten bereits einige Forscher erkannt, daß bei einzelnen Patienten die Schwierigkeiten der Wortwiederholung allem Anschein nach auf Problemen mit der Bezeichnung von Gegenständen beruhten. Andere Kranke dagegen konnten einzelne Objekte benennen, waren aber unfähig, komplizierte Äußerungen nachzusprechen. Auch Störungen der narrativen Fähigkeiten wurden beobachtet, die sich vermeintlich unter ausschließlicher Steuerung der «höheren Zentren» befinden und deshalb nicht hätten betroffen sein dürfen.

Ich fand dagegen die Erklärung dieser Erscheinung nicht in einem streng linguistischen oder streng neurologischen Ansatz, sondern in der psychologischen Analyse dessen, was jemand tut, wenn er Äußerungen anderer Menschen wiederholt. Bereits um 1895 hatte Jackson vermutet, daß das Benennen von Gegenständen und das Wiederholen einzelner Wörter keineswegs elementare Formen sprachlicher Tätigkeit darstellen. Mit demselben Ergebnis hatte Goldstein später sein Augenmerk besonders auf die psychologische Analyse des Wiederholens von Äußerungen gerichtet. Als Hauptform des Sprechens bestimmte er das Ausdrücken von Ideen mit Hilfe vollständiger Sätze, die ihrerseits eng mit den Motiven und Bedingungen der Tätigkeit zusammenhängen, die der Mensch gerade ausführt. Wenn ein Neurologe einen Kranken auffordert, zufällige Sätze zu wiederholen, die nichts mit seinen Aktivitäten zu tun haben, so verlangt er in Wahrheit von ihm, im Moment des Sprechens vom Handeln zu abstrahieren.

Gestützt wurde der Kerngedanke Goldsteins durch Untersuchungen ganz anderer Art. Lange zuvor hatten Piaget und auch Wygotskij mit seinen Mitarbeitern entdeckt, daß Kindern auch nachdem sie sprechen gelernt hatten, das Nachahmen vermeintlich einfacher Handlungen oder Sätze eines Erwachsenen Schwierigkeiten bereitet. Und erst kürzlich führten Daniel Slobin und seine Mitarbeiter in den USA eine Untersuchung über spontane kindliche Äußerungen in ihrer häuslichen Umgebung durch. Von Zeit zu Zeit forderten sie die Kinder auf, zu wiederholen, was sie einige Minuten zuvor gesagt hatten. Wie zur Bestätigung der Beobachtungen, die vor einem halben Jahrhundert gemacht worden waren, wies Slobin – inzwischen im Kontext einer Entwicklungspsycholinguistik – darauf hin, daß das spontane Sprechen des Kindes von Motiven organisiert wird, die seine Gesamtaktivität steuern. Ohne ein solches organisierendes Motiv verliert das Sprechen sein Leitprinzip. Hätte Slobin mit erwachsenen Hirnverletzten gearbeitet statt mit gesunden Zweieinhalbjährigen, hätte er diese Erscheinung als Leitungsaphasie bezeichnet.

Wygotskijs begründetem und entwickeltem allgemeinem Ansatz folgend, vermuteten wir, daß eine Veränderung der Tätigkeitsstruktur eine Veränderung ihrer zerebralen Organisation bewirkt. Deshalb modifiziert der Übergang vom spontanen zum extern ausgelösten Sprechen nicht nur Ziel und Struktur des sprachlichen Prozesses, sondern auch die funktionellen Systeme im Gehirn, die diese Tätigkeit unterstützen. Wir lehnten die von Goldstein vorgebrachte Interpretation der Leitungsaphasie als Verlust der abstrakten Einstellung ab; ebenso verwarfen wir den Versuch, diese Aphasie auf eine Unterbrechung der Verbindungen zwischen zwei Hirnzentren zurückzuführen. Vielmehr gelangten wir zu dem Schluß, daß es sich bei der Leitungsaphasie um kein spezielles Syndrom handelt, sondern um einen *Komplex von Störungen*, die sich unterschiedlich manifestieren, je nachdem, mit welchen Anforderungen sich der Patient konfrontiert sieht und welche Hirnregionen beteiligt sind. Wie sich früher schon herausgestellt hatte, daß die sensorische, die motorische und die semantische Aphasie eine Vielzahl miteinander verknüpfter Erscheinungen bezeichnen, so – das zeigte sich jetzt – verhielt es sich auch mit dem verschwommenen Begriff «Leitungsaphasie».

Diese Beispiele zeigen eines ganz deutlich: Um die zerebrale Organisation geistiger Tätigkeiten zu begreifen, sind sowohl das Gehirn als auch das psychische System jeweils so umfassend zu erforschen, wie es der Stand der Wissenschaft erlaubt. Wichtige Hinweise kommen oft von Fachleuten benachbarter Disziplinen. So verhielt es sich in unseren neurolinguistischen Forschungen. So verhielt es sich auch, als wir Störungen des Gedächtnisses und der Fähigkeit, Probleme zu lösen, untersuchten. Wir verwendeten die Arbeiten der Spezialisten jedoch nur als Ausgangspunkt, um im folgenden ihre Methoden und Theorien unseren Bedürfnissen anzupassen. Die klinische Vorgehensweise läßt nämlich die Anwendung vieler gut kontrollierbarer experimenteller Verfahren nicht zu. Und im Umgang mit Kranken dürfen wir nicht vergessen, daß es sich um individuelles menschliches Leben handelt, nicht um eine statistische Abstraktion, die unsere Theorien bestätigt oder widerlegt.

Romantische Wissenschaft

Zu Beginn dieses Jahrhunderts schrieb Max Verworn *, Wissenschaftler ließen sich nach ihrem Verhältnis zur Wissenschaft in zwei Schulen einteilen: die klassische und die romantische. Und er ergänzte, daß diese zwei Grundorientierungen nicht nur wissenschaftliche, sondern auch persönliche Einstellungen umfassen.

Der klassische Wissenschaftler zerlegt Ereignisse in ihre Bestandteile. Schritt für Schritt nimmt er sich wesentliche Einheiten und Elemente vor, bis er schließlich allgemeine Gesetze formulieren kann. Dann betrachtet er diese Gesetze als Agenzien, die den Erscheinungen im untersuchten Bereich zugrunde liegen. Diese Methode führt unter anderem dazu, daß die lebendige Wirklichkeit in ihrer reichen Vielfalt auf abstrakte Schemata reduziert wird. Die Eigenarten des lebendigen Ganzen gehen verloren, ein Vorgang, der Goethe zu seinem berühmten Satz «Grau, teurer Freund, ist alle Theorie, und grün des Lebens goldener Baum» führte.

Der romantische Wissenschaftler läßt sich von genau entgegengesetzten Interessen, Einstellungen und Vorgehensweisen leiten. Er folgt nicht dem Weg des Reduktionismus, jener maßgeblichen Philosophie der klassischen Schule. Romantiker in der Wissenschaft haben weder das Bedürfnis, die lebendige Wirklichkeit in elementare Komponenten aufzuspalten, noch wollen sie den Reichtum der konkreten Lebensprozesse in abstrakten Modellen darstellen, die die Phänomene ihrer Eigenheiten entkleiden. Ihre wichtigste Aufgabe sehen sie darin, den Reichtum der Lebenswelt zu bewahren, und sie erstreben eine Wissenschaft, die sich dieses Reichtums annimmt.

Natürlich haben die romantischen Wissenschaftler und die romantische Wissenschaft Mängel. Romantische Wissenschaft vernachlässigt

* Max Verworn (1863–1921), deutscher Physiologe, erwarb 1887 den Doktortitel der Philosophie und 1889 den der Medizin, forschte vorwiegend im Bereich der allgemeinen Physiologie und der Physiologie des Zentralnervensystems.

die Logik; sorgfältige, Schritt für Schritt aufgebaute Argumentation ist nicht ihre Sache, und nur mit Mühe kommt sie zu festen Formulierungen und universellen Gesetzen. Zuweilen nehmen in ihrer Arbeit künstlerische Neigungen und Intuitionen überhand. Ihre Beschreibungen gehen oft nicht nur ihren Erklärungen voran, sondern treten auch manchmal an deren Stelle. Lange war ich mir nicht darüber im klaren, welcher dieser beiden Ansätze im Prinzip zum besseren Verständnis der lebendigen Wirklichkeit führt.

Dieses Dilemma wiederholt den Konflikt zwischen der nomothetischen und der idiographischen Psychologie, der mich in den ersten Jahren meiner intellektuellen Entwicklung beschäftigt hatte. Innerhalb der Psychologie liegen diese Ansätze dem Streit zwischen der erklärenden, physiologischen und der beschreibenden, phänomenologischen Schule zugrunde. Einer der wichtigsten Faktoren, der mich zu Wygotskij gezogen hatte, war sein Beharren auf der Notwendigkeit, diese Krise zu beenden. Unsere gemeinsamen Bemühungen fanden aber nicht in einem Vakuum statt. Vielmehr standen sie vor dem Hintergrund großer sozialer und wissenschaftlicher Umwälzungen, die die Einstellung aller Wissenschaftler prägten, mich eingeschlossen. Seit Beginn dieses Jahrhunderts veränderte sich unter dem Einfluß des immensen technischen Fortschritts die Struktur wissenschaftlichen Arbeitens selbst. Man kann sagen, daß dieser Prozeß in der ersten Hälfte des 19. Jahrhunderts mit der Entdeckung begonnen hatte, daß einzelne Zellen die elementaren Bestandteile aller lebenden Organismen bilden, eine Entdeckung, die den Weg für Rudolf Virchows * Zellenlehre und Zellularpathologie bereitete. Der Reduktionismus, der Versuch also, komplexe Erscheinungen auf elementare Bestandteile zurückzuführen, wurde zum Leitprinzip der wissenschaftlichen Arbeit. In der Psychologie schien die Reduktion psychischer Erscheinungen auf elementare physiologische Gesetze endlich eine erschöpfende Erklärung menschlichen Verhaltens liefern zu können. Die Verbreitung des Reduktionismus in der Lerntheorie führte zu der An-

* Rudolf Virchow (1821–1902), deutscher Mediziner und Politiker, zuerst Professor in Würzburg, ab 1856 in Berlin, wo er dem damals eingerichteten Pathologischen Institut vorstand, veröffentlichte Untersuchungen zur pathologischen Anatomie und zur Zellularpathologie. Virchow war 1861 Mitbegründer der Deutschen Fortschrittspartei, gehörte ab 1862 dem Preußischen Abgeordnetenhaus, von 1880 bis 1893 dem Reichstag an.

sicht, daß sich alle, auch die komplexesten Verhaltensformen, inklusive der bewußten Tätigkeit des Menschen, durch Muster von Reizen und Reaktionen erklären ließen. Diese Atmosphäre verdrängte das reichhaltige und vielschichtige Bild des menschlichen Verhaltens, das noch Ende des 19. Jahrhunderts vorgeherrscht hatte, aus den Lehrbüchern der Psychologie.

Später erzeugten die großen Fortschritte in der Biophysik eine neue Welle des Reduktionismus. Zu dieser Zeit vermuteten viele Wissenschaftler, daß die Erklärung des Verhaltens, einschließlich der höheren Formen wie Gedächtnis oder Aufmerksamkeit, auf molekularer und sogar submolekularer Ebene zu finden sei. Dies bezog sich vor allem auf die Gehirnforschung. Damals versank die Analyse menschlicher Bewußtseinstätigkeit im Meer molekulartheoretischer Spekulationen. Dann folgte der wohl beeindruckendste Umschwung. Es wurden elektronische Maschinen erfunden, deren Rechengeschwindigkeit und Speicherkapazität die Möglichkeiten des Menschen um ein Vielfaches übertrafen. Elektronische Rechenanlagen wurden zu einem der wichtigsten Hilfsmittel der Wissenschaft. Viele Forscher gaben sich dem Glauben hin, die Beobachtung realen Verhaltens ließe sich durch Computersimulationen oder durch mathematische Modelle ersetzen. Psychologische Lehrbücher und Monographien waren voller derartiger Modelle und Schemata. Und diese Entwicklungslinie barg eine noch größere Gefahr: Die Realität der bewußten menschlichen Tätigkeit wurde durch mechanische Modelle ersetzt.

Die Tendenz, Tatsachen des Lebens auf mathematische Schemata zu reduzieren und die Forschung weitgehend Instrumenten zu überlassen, war in der Medizin besonders stark ausgeprägt. Ihre Aufgabe hatte größtenteils darin bestanden, Krankheiten durch die Beschreibung ihrer wesentlichen Symptome zu erfassen, was für eine Diagnose und Behandlung gleichermaßen wichtig schien. Mit dem Aufkommen neuer technischer Ausstattungen gerieten die klassischen Formen medizinischen Vorgehens in den Hintergrund. Heutige Ärzte, die über eine ganze Batterie von Laborhilfsmitteln und -tests verfügen, setzen sich oft über die klinische Wirklichkeit hinweg. Beobachtung der Kranken und Beurteilung der Syndrome weichen oft einer Unzahl von Laboranalysen, die dann aufgrund mathematischer Verfahren als Mittel zur Diagnose benutzt und mit Therapieempfehlungen kombiniert werden. Ärzte, die auch große Beobachter und Denker sind, verschwinden nach und nach

Lurija (rechts) mit Teilnehmern einer wissenschaftlichen Konferenz, Moskau in den sechziger Jahren; neben ihm: Jean Piaget

von der Bildfläche. Heute findet man selten einen wirklich guten Arzt, der in der Diagnostik, in der Einschätzung des Krankheitsverlaufs und in der Behandlung gleichermaßen bewandert ist. Ich denke nicht daran, die Rolle medizinischer Instrumente zu unterschätzen; aber ich lehne Tendenzen ab, diese Hilfsmittel zur Hauptsache zu erklären und umgekehrt klinische Beurteilung zum Sklaven der Apparate-Analysen zu machen.

Im letzten Jahrhundert, als die Laborhilfsverfahren noch selten waren, erreichte die Kunst der klinischen Beobachtung und Beschreibung ihren Höhepunkt. Man kann die klassischen Fallbeschreibungen bedeutender Ärzte wie Armand Trousseau, Pierre Marie, Jean-Martin Charcot, Karl Wernicke, Sergej Korsakow und Henry Head* nicht lesen, ohne der

* *Armand Trousseau* (1801–1867), französischer Internist. *Jean-Martin Charcot* (1825–1893), französischer Neurologe, war am Hospital La Salpêtrière tätig; weltweit

Schönheit dieser Wissenschaftskunst zu erliegen. Heute hat diese Kunst der Beobachtung und Beschreibung Seltenheitswert.

Natürlich haben Beobachtung und Beschreibung auch ihre Mängel. Die Beschreibung unmittelbar wahrgenommener Erscheinungen kann den Beobachter zu Pseudoerklärungen verführen, die auf seinem subjektiven Verständnis der Phänomene gründen. Derlei Irrtümer setzen den Wert wissenschaftlicher Analysen aufs Spiel, jedoch nur dann, wenn die phänomenologische Beschreibung oberflächlich und unvollständig bleibt. Einer wirklich wissenschaftlichen Beobachtung droht diese Gefahr nicht. Sie erfaßt nicht nur Einzelfakten; ihr Ziel besteht darin, ihr Objekt aus so vielen Perspektiven wie möglich zu betrachten. Es geht darum, ein Objekt oder ein Ereignis nicht isoliert, sondern in seinen Beziehungen zu anderen Objekten oder Ereignissen zu verstehen.

In diesem Zusammenhang erinnere ich an die Worte Lenins, daß Dinge erst als Objekte der Wissenschaft verstanden werden können, wenn man sie unter verschiedenen Gesichtspunkten betrachtet. Unter dem Gesichtspunkt des Materials, aus dem es besteht, ist es Gegenstand der Physik; unter dem Gesichtspunkt seines Wertes ist es Gegenstand der Ökonomie; und unter dem Gesichtspunkt seiner Form ist es Gegenstand der Ästhetik. Je mehr wichtige Zusammenhänge wir in der Untersuchung aufdecken, um so näher kommen wir dem Wesen eines Objekts und um so mehr verstehen wir seine Eigenschaften und Gesetzmäßigkeiten. Nur wenn wir die Vielfalt seiner Eigenschaften anerkennen, können wir die Gesetze seiner Existenz verstehen. Eben dies meinte Marx mit seiner ungewöhnlichen Formel vom «Aufsteigen zum Konkreten».

Beobachtung und Beschreibung psychischer Tatsachen müssen den gleichen Weg einschlagen. Die klinischen und psychologischen Beobachtungen haben nichts mit klassischem Reduktionismus gemein. Solche

berühmt geworden durch seine Studien über Hypnose. *Pierre Marie* (1853–1940), französischer Neurologe, Schüler Charcots. *Sergej Sergejewitsch Korsakow* (1854–1900), russischer Psychiater, lehrte ab 1888 an der Universität Moskau, beschrieb das nach ihm benannte amnestische Psychosyndrom (Merkschwäche bei ansonsten erhaltenem gebliebenem Gedächtnis, raum-zeitliche Orientierungsstörungen, Tendenz zur Konfabulation) vor allem infolge von chronischem Alkoholismus, gelegentlich auch infolge von Kohlenmonoxidvergiftung usw. Zu *Karl Wernicke* und *Henry Head* vgl. Fußnoten S. 123 und S. 125.

Beobachtungen richten sich auf die wichtigsten Merkmale oder Primärfaktoren, die einem Syndrom zugrunde liegen, und danach auf ihre «systematischen» Konsequenzen. Erst wenn die Primärfaktoren und ihre Folgen erforscht sind, kann ein umfassendes Bild entstehen. Endpunkt der Beobachtung ist also das Aufdecken eines Netzwerks wesentlicher Zusammenhänge. Richtig verstanden und umgesetzt, erreicht auch die Beobachtung das Ziel der klassischen Tatsachenerklärung, ohne das Ziel der romantischen Bewahrung mannigfaltiger Subjektivität zur vernachlässigen.

Als ich mich in der Forschung der Laborinstrumente bediente, war ich stets bemüht, dies im Geiste der klinischen Analyse zu tun. Während des größten Teils meiner Forschungen bin ich immer klassischer und romantischer Wissenschaftler zugleich gewesen. Mitunter aber bot sich mir im Laufe meines Lebens die Gelegenheit, meine Interessen auf eine eher romantische Weise zu verfolgen.

Meine Versuche, die Tradition der romantischen Wissenschaft wiederzubeleben, kamen in zwei kleinen Büchern zum Ausdruck: ‹*Kleines Porträt eines großen Gedächtnisses*› und ‹*Der Mann, dessen Welt in Scherben ging*› (Lurija 1991). Mit ihnen wollte ich die von Walter Pater in den ‹*Imaginären Porträts*› von 1887 gelegte Fährte wieder aufnehmen, nur daß meine «Helden» keine imaginären Personen waren. In beiden Geschichten beschrieb ich eine reale Person und die Gesetze ihres geistigen Lebens. Ich wählte diese Menschen, weil jeder von ihnen einen Wesenszug aufwies, der bei der Herausbildung seiner Persönlichkeit eine entscheidende Rolle gespielt hatte und der ihn von allen anderen Menschen unterschied. Ich versuchte, diesen Wesenszug mit Sorgfalt zu untersuchen und aus ihm die anderen Merkmale seines Charakters abzuleiten.

S. W. Schereschewskij, der Protagonist des ersten Buches, war ein berühmter Gedächtniskünstler. Sein außerordentliches Gedächtnis war ein Wesenszug, der all seine anderen Eigenschaften dominierte. Jedoch war nicht das Gedächtnis selbst Thema meiner Geschichte, sondern sein Einfluß auf die Persönlichkeit Schereschewskijs.

Sein Gedächtnis war von komplexer eidetisch-synästhetischer Struktur. Er konnte leicht jede Wahrnehmung, auch Worte, die er hörte, in Bilder umsetzen, die sich eng mit anderen Ton-, Geschmacks- und Tastempfindungen verbanden.

Ich erinnere mich, wie wir eines Tages zusammen ins Laboratorium des Physiologen Orbeli* gingen. «Erinnern Sie sich an den Weg dorthin?» fragte ich Schereschewskij, vergessend, wie dauerhaft er Eindrücke behielt. «Was glauben Sie denn?» antwortete er. «Dieser Zaun da ist so salzig und rauh, und er hat einen so scharfen und durchdringenden Klang.» Zu Wygotskij sagte er einmal: «Was für eine gelbe, mürbe Stimme Sie haben.» Einmal fragte er eine Eisverkäuferin, welches Eis sie hat. «Fruchteis», lautete die Antwort. «Sie hat mit einer solchen Stimme gesprochen», berichtete er, «daß ihr ein ganzer Haufen Kohle und schwarzer Schlacke aus dem Mund gekommen ist – und ich konnte das Eis nicht mehr kaufen.» Diesen Vorgang erklärte er so:

«Ich erkenne ein Wort nicht nur aufgrund von Bildern, sondern immer aufgrund des gesamten Komplexes von Gefühlen, die dieses Bild hervorruft. Sie auszudrücken ist schwierig – das ist nicht das Sehvermögen, nicht das Gehör... Das sind irgendwelche allgemeinen Gefühle... Gewöhnlich spüre ich sowohl den Geschmack als auch das Gewicht eines Wortes – und ich brauche nichts mehr zu tun – es fällt mir ganz von selbst ein, doch das zu beschreiben ist schwer. Ich habe ein Gefühl in der Hand, als ob etwas Öliges an ihr wäre, das aus einer Menge kleinster, sehr leichter Punkte besteht – oder ich spüre ein leichtes Kitzeln in der linken Hand. Wenn das geschieht, kommt die Erinnerung einfach, ohne daß ich mich anstrengen muß» (Notiz vom 22. Mai 1939).

Diese synästhetischen Komponenten gaben ihm zusätzliche Informationen, die die genaue Erinnerung gewährleisteten. Bei ungenauer Wiedergabe stellten sich seine synästhetischen Hilfsempfindungen nicht mit dem Wort ein und hinterließen das Gefühl, daß irgend etwas falsch gelaufen und der Fehler zu berichtigen sei. Am wichtigsten aber waren die visuellen Qualitäten seiner Erinnerung. Hörte oder las Schereschewskij ein Wort, verwandelte es sich sogleich in ein Bild, das sich auf das bezog, was das Wort für ihn bedeutete. Er beschrieb es so: «Wenn ich das Wort ‹Grün› höre, taucht ein grüner Topf mit Blumen auf; bei ‹Rot» erscheint ein Mann im roten Hemd, der zu ihnen hingeht. Ich höre ‹Blau› – und jemand schwenkt aus einem Fenster heraus ein blaues Fähnchen...

* Leon Abgarowitsch Orbeli (1882–1958), armenisch-sowjetischer Physiologe, Schüler und Mitarbeiter Pawlows, war von 1918 bis 1957 Leiter des Physiologischen Laboratoriums des Lesgart-Instituts. Seine ‹*Vorlesungen über die Physiologie des Nervensystems*› erschienen 1934 in Leningrad/Moskau, seine Monographie ‹*Die Probleme der höheren Nerventätigkeit*› 1949 in Moskau/Leningrad.

Selbst Zahlen erinnern mich an Bilder... Da ist die Zahl ‹1› – das ist ein stolzer, schlanker Mann; die ‹2› ist eine fröhliche Frau; die ‹3› ist ein mürrischer Mann» (Notiz vom September 1936).

Las Schereschewskij eine lange Wortliste, so rief jedes Wort ein Bild hervor. Um die Reihenfolge zu behalten, mußte er irgendein Verfahren der gedanklichen Anordnung dieser Bilder finden. Meistens «verteilte» er sie entlang irgendeiner Straße, die er in Gedanken vor sich sah. Danach konnte er alles von Anfang bis Ende oder in umgekehrter Reihenfolge reproduzieren und fand darüber hinaus zu jedem beliebigen Wort das vorangehende oder folgende. Um das zu erreichen, ging er einfach vom Beginn oder vom Ende der Straße aus «spazieren», fand das Bild des betreffenden Gegenstands und «warf einen Blick» auf das, was sich links und rechts neben diesem befand.

Die Bilder und Empfindungen waren äußerst stabil. Auch konnte sich Schereschewskij nach Belieben an Auftritte oder Gespräche erinnern, die Jahrzehnte zurücklagen. Es war schlicht unmöglich, an die Grenzen seines Gedächtnisses zu kommen oder irgendwelche Anzeichen eines mit der Zeit auftretenden Verblassens von Erinnerungen festzustellen.

Diese Stabilität der Spuren wurde für ihn zu einem besonderen Problem, als er seine Karriere als professioneller Gedächtniskünstler einschlug. Er schrieb dazu: «Ich habe Angst, die einzelnen Vorführungen könnten durcheinandergeraten. Daher wische ich in Gedanken die Tafel ab und decke sie gleichsam mit einer Folie zu, die völlig undurchsichtig und undurchdringlich ist. Dann nehme ich diese Folie im Geist von der Tafel ab und höre, wie sie knistert, wenn ich sie zusammenballe. Ist also die Vorstellung zu Ende, wische ich alles ab, was dort geschrieben stand, entferne mich von der Tafel und hebe im Geist die Folie auf, mit der ich sie bedeckt hatte... Während ich zum Publikum spreche, spüre ich im Geist meine Hände diese Folie zerknüllen. Und doch können, sobald ich in der nächsten Vorstellung zur Tafel gehe, die weggewischten Zahlen wieder auftauchen» (Brief, 1939).

Er versuchte, sich Dinge aufzuschreiben, um sie nicht länger im Gedächtnis behalten zu müssen, aber auch das nützte nichts. Schließlich warf er die Zettel mit dem, was er vergessen wollte, weg und verbrannte sie sogar, aber selbst dann erinnerte er sich an sie. Bis zu folgendem Tag:

«Eines Tages – es war am 23. April – war ich abends sehr erschöpft. Ich hatte schon drei Auftritte hinter mir und fragte mich, wie ich den vierten überstehen sollte. Gleich würden die Tafeln der drei ersten Vorstellungen vor mir auftauchen. Das war für mich ein schreckliches Problem. Ich dachte: Schau ich doch mal kurz nach, ob die erste Tafel noch da ist. Irgendwie hatte ich Angst, sie könnte nicht mehr da sein. Ich wollte – und wollte gleichzeitig nicht, daß sie auftauchte. Und dann dachte ich: Die Tafel taucht jetzt nicht auf, und es ist klar, warum: Ich will es nicht! Aha! Wenn ich es also nicht will, daß sie auf der Bildfläche erscheinen, dann tun sie es auch nicht. Das mußte ich mir nur klarmachen!»

Wenn man über Schereschewskij spricht, darf man sich nicht auf sein Erinnerungsvermögen beschränken. Das Interessanteste ist wohl, wie sein phantastisches Gedächtnis sein Denken, sein Verhalten und seine Persönlichkeit insgesamt geprägt hat. Ich habe ihn über lange Zeit untersucht und konnte mich sowohl mit den Stärken als auch mit den Schwächen seiner geistigen Fähigkeiten vertraut machen. Seine starke Seite war das Vermögen, über markante Bilder zu verfügen. Weil vor seinem geistigen Auge alle Aspekte einer Aufgabe standen, löste er sie viel besser und schneller als Menschen mit durchschnittlichem Gedächtnis. Er konnte sich stärker als die meisten Menschen in Erzählungen versenken und vergaß nie auch nur ein Detail, wobei er oft Widersprüche entdeckte, die der Schriftsteller selbst nicht bemerkt hatte. Seine Lösungen von Rätseln waren von hoher ästhetischer Qualität.

Aber die visuellen und zugleich synästhetischen Bilder bereiteten ihm auch gewisse unüberwindliche Schwierigkeiten. Beim Lesen beispielsweise rief buchstäblich jedes Wort ein Bild hervor. Er las einen Satz, und die Bilder erschienen; er las weiter, und noch mehr Bilder tauchten auf. Wurde ihm ein Abschnitt schnell vorgelesen, prallten in Schereschewskijs Bewußtsein die Bilder aufeinander, überlagerten sich und entstellten einander. Sein Problem war nun, überhaupt etwas zu verstehen. Las man den Text dagegen langsam, hatte er wieder Schwierigkeiten: «Man gibt mir folgenden Satz: ‹N. stand da, mit dem Rücken an einen Baum gelehnt...› Ich sehe einen jungen, hageren Mann, der einen dunkelblauen Anzug trägt (N. ist nämlich sehr elegant). Er steht neben einer großen Linde, und ringsum ist Gras, Wald. Doch dann geht der Satz weiter: ‹... und betrachtete aufmerksam die Auslage eines Geschäfts.› Da haben wir die Bescherung! Also ist das kein Wald und kein Park, also steht er auf der Straße – und man muß mit dem Satz ganz von vorne anfangen» (Notiz, März 1937).

So konnte für Schereschewskij das Erfassen eines Abschnitts zu einer Tortur werden. Ununterbrochen drängten sich Bilder seinem Bewußtsein auf, und er mußte sie abwehren, um sich auf das Wesentliche konzentrieren zu können. Bald beherrschten sie seine Erfahrung vollkommen und traten oft unkontrolliert auf, wenn er irgend etwas streifte, was auch nur entfernt mit ihnen zu tun hatte. Sein bildhaftes Denken behinderte ihn besonders beim Lesen von Gedichten. Jeder Ausdruck erweckte ein Bild, das oft mit dem nächsten Bild kollidierte.

Abstrakte Gedanken stellten ihn vor eine Reihe anderer Probleme: «‹Unendlichkeit› – das heißt: das, was immer da war – aber was war davor? Und danach – was wird sein? Nein, es geht nicht, ich kann es nicht sehen... Um einen Sinn wirklich zu begreifen, muß man ihn sehen... Nehmen wir zum Beispiel das Wort ‹nichts›. Ich habe das Wort gelesen und gedacht, das muß etwas sehr Tiefsinniges sein. Ich habe mir vorgestellt, es wäre besser, ‹nichts› als ‹etwas› aufzufassen – denn ich sehe dieses ‹nichts›, und es ist etwas... Wenn ich eine tiefere Bedeutung verstehen will, muß ich sie augenblicklich sehen» (Notiz, Dezember 1935).

Schereschewskij geriet aus der Fassung, wenn er einem abstrakten Gedanken begegnete, etwa so wie junge Menschen, denen zum erstenmal klar wird, daß sie solche Gedanken bildlich nicht fassen können. Aber die meisten Jugendlichen gehen irgendwann vom konkreten zum abstrakten Denken über, und das Problem ist für sie erledigt. Die Bilder in ihrem Denken, die bis dahin eine wichtige Rolle spielten, werden durch bestimmte Vorstellungen über die Bedeutung von Wörtern ersetzt. Ihr Denken wird sprachlich und logisch, während die Bilder an den Rand ihres Bewußtseins rücken. Nicht so bei Schereschewskij: Er konnte keinen Gedanken verstehen, wenn er ihn nicht «sah».

Schereschewskijs eidetisches Gedächtnis steuerte auch sein Verhalten. Wie ein Yogi konnte er seine unwillkürlichen Prozesse kontrollieren, beispielsweise das Herzklopfen und die Körpertemperatur. Sah er sich schnell laufen, beschleunigte sich sein Pulsschlag; dachte er sich ein Stück Eis in die Hand, wurde sie prompt kälter. Das Bild eines Glases mit heißem Wasser in der anderen Hand erhöhte deren Temperatur. Auf diese Weise konnte er die Temperatur seiner Hände um fünf Grad steigern oder senken. Wo seine inneren Bilder jedoch mit den realen Umständen in Konflikt gerieten, verlor er die Fassung:

«Ich hatte ein Gerichtsverfahren... ein sehr einfacher Fall, und natürlich würde ich gewinnen. Nun bereite ich mich auf meinen Auftritt vor Gericht vor... Und ich sehe die ganze Szenerie – anders kann ich ja nicht!... Da ist der große Gerichtssaal: die Stuhlreihen, rechts der Richtertisch. Ich stehe auf der linken Seite und spreche. Alle sind von meiner Beweisführung beeindruckt – ich gewinne den Prozeß natürlich! ... Als ich dann aber den Gerichtssaal betrat, war alles ganz anders. Der Richter saß nicht rechts, sondern links, und ich mußte von der gegenüberliegenden Seite aus sprechen ... Alles war anders, als ich es gesehen hatte, und ich war so verwirrt, daß ich meinen Standpunkt nicht richtig vortragen konnte. Und natürlich verlor ich» (Notiz, Mai 1939).

Die Persönlichkeit Schereschewskijs wurde von seinen phantastischen Fähigkeiten bestimmt. Als Kind war er ein Träumer; seine Phantasie verstrickte sich in lebhaften Bildern, die eine andere Welt erschufen, durch die er seine Alltagserfahrungen wahrnahm. Er vergaß oft den Unterschied zwischen der Wirklichkeit und dem, was er «sah»: «Das ist eine Gewohnheit, die ich lange beibehalten habe – vielleicht habe ich sie auch heute noch. Ich schaue auf die Uhr und sehe dann die Zeiger noch lange weiter in derselben Position stehen. Ich bemerke nicht, daß schon mehr Zeit vergangen ist ... Deshalb komme ich auch oft zu spät» (Notiz, Oktober 1934).

Seine Träume wurden zuweilen ein Ersatz für Handlungen. Er besaß die Fähigkeit, sich von einer anderen Seite zu «sehen», sich «abzutrennen», sich in die Scheingestalt einer anderen Person zu verwandeln, der seine, Schereschewskijs, Anweisungen befolgte. Dies half ihm bei der Steuerung seines eigenen Verhaltens und bei der Kontrolle seiner automatischen Prozesse. Gelegentlich aber entglitt ihm, wenn er sich auf diese Weise «abtrennte», die Kontrolle über sein Verhalten völlig. Der «Er», den Schereschewskij sah, verselbständigte sich und begann automatisch zu agieren.

Weil Schereschewskijs gesamte Persönlichkeit unter dem Einfluß seines außerordentlichen Gedächtnisses stand, konnte ich die Struktur seines Bewußtseins im gleichen Moment untersuchen wie die Syndrome. Im Gegensatz dazu begann meine zweite im Stil der romantischen Wissenschaft verfaßte Arbeit nicht mit einer überragenden Fähigkeit, sondern mit einer Katastrophe, die die Geisteskräfte eines Menschen zerstört hatte. Ein junger Mann war im Krieg von einem Granatsplitter getroffen worden, der den Scheitel der linken Hirnhemisphäre zum Teil zerstörte. Die Welt dieses Menschen zerbrach. Er vergaß seinen Namen und seine Adresse; alle Wörter verschwanden. Später beschrieb er dies so: «Ich bin durch die Verwundung ein abnormer Mensch geworden ... Ich bin in dem Sinne zu einem abnormen Menschen geworden, daß ich einen ungeheuren Gedächtnisverlust und lange nicht einmal Spuren von Erinnerungen hatte ... Ich befinde mich in einer Art Nebel, wie im Halbschlaf ... ich kann mich an kein einziges Wort erinnern, in der Erinnerung fliegen nur irgendwelche Bilder vorbei, undeutliche Visionen, die plötzlich auftauchen und ebenso plötzlich wieder verschwinden, und ich bin außerstande, auch nur eine einzige zu begreifen oder mir zu merken.»

Er konnte nicht lesen und nicht einmal angeben, in welcher Sprache die Zeitung gedruckt war. Bei unserem ersten Gespräch in der Rehabilitationsklinik, wohin man ihn nach der Verwundung gebracht hatte, bat ich ihn, einen Text zu lesen: «Nein, was ist das? ... ich weiß nicht ... ich verstehe nicht, was das ist ... Nein, was ist das?» Er versuchte, sich das Blatt näher anzusehen, hielt es vor sein linkes Auge, bewegte sich dann weiter zur Seite und untersuchte befremdet jeden Buchstaben. «Nein ... ich kann es nicht!» Danach bat ich ihn, seinen Namen und den seiner Heimatstadt aufzuschreiben. Er versuchte es, nahm ungeschickt einen Bleistift, zuerst mit dem falschen Ende, und tastete nach dem Papier. Doch er konnte keinen einzigen Buchstaben schreiben. Er war bestürzt, weil ihm plötzlich bewußt wurde, daß er Analphabet geworden war.

Die Verwundung störte seine Körperempfindung. Er «verlor» oft die rechte Seite seines Körpers, was bei einer derartigen Verletzung unvermeidlich ist. Er hatte auch den Eindruck, daß sich Teile seines Körpers verändert hätten: «Manchmal sitze ich da und fühle plötzlich, daß mein Kopf so groß ist wie ein Tisch, mindestens so groß. Arme, Beine und Rumpf sind aber winzig klein geworden. Es kommt mir selbst komisch und lächerlich vor, wenn ich mich auf einmal daran erinnere! Diese Erscheinungen nenne ich Eigentümlichkeiten des Körpers! Und wenn ich die Augen schließe, weiß ich nicht einmal, wo sich mein rechtes Bein befindet, und es ist mir aus irgendeinem Grund sogar immer so vorgekommen (und von mir auch so empfunden worden), als ob es sich irgendwo oberhalb der Schultern und sogar oberhalb des Kopfes befindet.»

Auch sein Sehvermögen war beeinträchtigt, so daß er nichts klar und vollständig erkennen konnte. Er mußte sich auf sein Vorstellungsvermögen verlassen, um die Lücken zu füllen. «Noch heute muß ich mir alles in der Phantasie ausmalen – Dinge, Erscheinungen, alles Lebende. Ich muß sie mir im Geiste vorstellen und versuchen, sie als vollständig und ganz zu erinnern, nachdem ich sie betrachtet, betastet und ein Bild von ihnen bekommen habe.» All das geschah, weil er das rechte Gesichtsfeld in beiden Augen verloren hatte. Wenn er ein Auge auf irgendeinen Punkt richtete, sah er nur das, was sich links davon befand. Außerdem gab es Skotome (blinde Flecken) in seinem Gesichtsfeld.

Eines Tages jedoch machte er während der Behandlung eine Entdekkung, die sich als Wendepunkt für das Wiedererlernen des Schreibens erweisen sollte: «Mit dem Schreiben verhielt es sich anfangs genauso wie mit dem Lesen. Ich konnte mich lange nicht an die Buchstaben erinnern, obwohl ich sie schon zu kennen schien, und führte die gleiche Prozedur mit der alphabetischen Reihenfolge durch. Aber eines Tages kam während des Unterrichts ein Arzt zu mir, zu dem ich schon Vertrauen gefaßt hatte, weil er mich und die anderen Patienten stets freundlich behandelte. Er forderte mich auf, nicht buchstabenweise, sondern in einem Zug zu schreiben, ohne die Hand mit dem Bleistift vom Papier zu heben. Und ich – natürlich fragte ich erst zwei-, dreimal zurück – wiederholte mehrmals das Wort *krow* [Blut], nahm schließlich den Bleistift und schrieb schnell ein Wort hin. Und siehe da, ich hatte das Wort *krow* geschrieben, wenn ich das auch selbst kaum wußte, da ich immer noch Schwierigkeiten mit dem Lesen hatte – sogar mit dem Lesen dessen, was ich selbst geschrieben hatte... Wie sich herausstellte, kann ich nur einige wenige Wörter automatisch schreiben, und nur kurze...»

Nach anstrengendem, etwa sechsmonatigem Training hatte er lesen und schreiben gelernt. Das Schreiben erwarb er viel schneller zurück, weil es sich um eine automatisierte Fertigkeit handelte, die die Verwundung nicht beeinträchtigt hatte. Immerhin konnte er auch langsam lesen, wobei er die Wörter in Silben und Buchstaben zergliederte; der das Sehvermögen kontrollierende Teil der Hirnrinde war nämlich beschädigt. Trotz allem aber konnte er automatisch schreiben, obwohl er sich auf der Suche nach Worten und Gedanken den Kopf zerbrechen mußte. Er beschrieb es so:

«Wenn ich mir ein Wort wie *golowokrushenije* [Schwindelgefühl] ansehe, verstehe ich zunächst gar nichts, blicke nur auf die bedeutungslosen Buchstaben wie ein Kind, das noch keine Fibel und keine Buchstaben gesehen hat. Dann aber beginne ich mich an etwas zu erinnern, den ersten Buchstaben zu betrachten – ‹G› –, warte eine Zeitlang, erinnere mich schließlich an diesen Buchstaben und beeile mich, auf den nächsten Buchstaben, das ‹O›, zu blicken. Wieder warte ich eine Weile, sage endlich ganz leise ‹Go›, schaue dann schnell nach rechts auf den Buchstaben ‹L›, warte wieder eine Weile. Habe ich den Buchstaben ‹L› genannt, beeile ich mich, auf den Buchstaben ‹O› zu blicken, und sage dann ganz leise zu mir:

Lurija mit seiner zweiten Frau, 1973
in einem Sanatorium nahe Moskau

‹Go-lo›. Dann beeile ich mich, auf das nächste ‹O› zu blicken. Während ich das tue, sind zwei Buchstaben aus meinem Blickfeld nach links entschwunden, das heißt, ich sehe nur noch dieses ‹O› und zwei oder drei Buchstaben links davon. Die ersten zwei, drei Buchstaben (gol) sehe ich nicht mehr. Genauer gesagt, an jener Stelle ‹sehe› ich jetzt graues Dunkel mit schwankenden, flimmernden Punkten, Fäden und Körperchen.»

Ungeachtet dieser Schwierigkeiten faßte er den Entschluß, ein Tagebuch zu führen, um zu beschreiben, was mit ihm geschehen war und wie er sich angestrengt hat, um seine Behinderung zu überwinden. Tag für Tag saß er 25 Jahre lang an seinem Tagebuch, wobei er mit jedem Wort und jedem Satz hart kämpfen mußte. Manchmal brauchte er einen ganzen Tag für eine halbe Seite. Zuerst nannte er sein Tagebuch «Geschichte einer schrecklichen Verwundung», aber später änderte er den Titel: «Ich kämpfe von neuem!» Inzwischen umfaßt sein Tagebuch schon mehr als dreitausend Seiten.

Ich beobachtete diesen Kranken mehr als drei Jahrzehnte lang. Das

Buch über ihn ist durchaus kein «imaginäres Porträt». Sassezkij existiert. Um ihn zu porträtieren, benutzte ich Auszüge aus seinem Tagebuch. Ich wollte zeigen, wie eine solche Verletzung empfunden wird. Aber das Buch enthält auch andere Passagen, in denen ich die psychische Struktur der Beeinträchtigungen erläutere und ihren Bezug zur Hirnverletzung untersuche. Dieses Buch zeichnet also nicht nur das Porträt eines realen Menschen, sondern ist auch der Versuch, die Neuropsychologie zum besseren Verständnis einiger psychologischer Fakten zu nutzen.

Ich würde gern ein drittes Buch dieser Art oder sogar eine kleine Reihe solcher Geschichten verfassen. Ich könnte einen Menschen mit vollständigem Gedächtnisverlust und seine Persönlichkeitsveränderung infolge dieses Verlustes beschreiben. Ebenso könnte ich einen Menschen mit einer Schädigung der Stirnlappen porträtieren, die einen vollständigen Zerfall seiner Fähigkeiten zur Formulierung von Zielen und Plänen bewirkt hatte. Bisher haben dies eher Schriftsteller versucht, beispielsweise Alexander Grin in ‹*Die wiedergewonnene Hölle*›, einer Novelle über einen Menschen mit einer Stirnlappenverwundung. Doch handelt es sich in diesen Fällen um imaginäre Porträts.

Bücher dieser Art vorzubereiten ist sehr schwer. Zuerst muß ein Mensch mit außergewöhnlichen Eigenschaften, mit der Überentwicklung eines Charakterzugs oder mit irgendeiner geschädigten primären Funktion und einer dadurch verursachten völligen Veränderung der Persönlichkeit ausfindig gemacht werden. Dann sind Jahrzehnte auf die Untersuchung dieser «nichterfundenen Geschichte» zu verwenden, indem der Forscher die Hauptfaktoren herauskristallisiert und Schritt für Schritt das Syndrom zusammensetzt. Leider habe ich diese Möglichkeit nicht.

Meine einzige Möglichkeit ist die, mich auf mich selbst zu besinnen und rückblickend über das Leben eines sowjetischen Psychologen zu schreiben. In diesem Buch gibt es keinen Helden mit außergewöhnlichen Fähigkeiten, keine besonderen Begabungen, keine Tragödien. Es vermittelt jedoch die Atmosphäre einer Entwicklung, die in einer einzigartigen Zeit, dem Ausbruch der Revolution, begann. Da gab es die Periode erster Forschungen, dann das Zusammentreffen mit einem Genie und dann die Geschichte einiger Unternehmungen, die ein Wissenschaftler im Laufe eines recht langen Lebens vollbringen konnte.

Menschen kommen und gehen, aber die schöpferischen Quellen großer historischer Ereignisse, Ideen und Taten bleiben. Vielleicht ist dies der Grund für meinen Wunsch, dieses Buch zu schreiben.

LA, LDA
SNACK-BAR
A LÚRIA
Beba
Coca-Cola
Coke
COMES

Literatur

Bruner, J. S. (1986): Actual Minds, Possible Worlds. Cambridge, Mass.
Cole, M. (1979): Epilogue: A Portrait of Luria. In: Luria, A. R.: The Making of Mind. A Personal Account of Soviet Psychology. Cambridge, Mass./London. S. 189–225.
James, W. (1911): Memories and Studies. London.
Jung, C. G., Hg. (1910/11): Diagnostische Assoziationsstudien. 2 Bände. Leipzig.
Lurija, A. R. (1923): Die Psychoanalyse im Lichte der Grundrichtungen der zeitgenössischen Psychologie. Kasan (russ.).
Lurija, A. R. (1929): Die Methode der abbildenden Motorik bei der Kommunikation der Systeme und ihre Anwendung auf die Affektpsychologie. *Psychologische Forschung* 12, S. 127–179.
Lurija, A. R. (1936): The development of mental functions in twins. *Character and Personality* 5, S. 35–47.
Lurija, A. R. (1947): Traumatische Aphasie. Moskau (russ.).
Lurija, A. R., Hg. (1956/1958): Probleme der höheren Nerventätigkeit beim normalen und behinderten Kind. 2 Bände. Moskau (russ.).
Lurija, A. R. (1973): The long road of a Soviet psychologist. *International Social Science Journal* 25, Heft 1 und 2.
Lurija, A. R. (1975): Grundfragen der Neurolinguistik. Moskau (russ.).
Lurija, A. R. (1976[1932]): The Nature of Human Conflicts or Emotion, Conflict and Will: An Objective Study of Disorganisation and Control of Human Behaviour. New York.
Lurija, A. R. (1986): Die historische Bedingtheit individueller Erkenntnisprozesse. Weinheim/Berlin (DDR).
Lurija, A. R. (1991): Der Mann, dessen Welt in Scherben ging. Zwei neurologische Geschichten. Reinbek bei Hamburg.
Lurija, A. R. (1992): Das Gehirn in Aktion. Einführung in die Neuropsychologie. Reinbek bei Hamburg.
Lurija, A. R. & Judowitsch, F. Ja. (1982): Die Funktion der Sprache in der geistigen Entwicklung des Kindes. Frankfurt am Main/Berlin.
Magoun, H. W. (1958): The Waking Brain. Springfield, Ill.
Marx, K. (1987): Das Kapital. Kritik der politischen Ökonomie. Erster Band. Hamburg 1872. In: Marx, K. & Engels, F.: Gesamtausgabe (MEGA), 2. Abteilung, Band 6. Berlin (DDR).
Métraux, A. (1986): Vladimir Bechterevs Psychophysiologisches Laboratorium. *Psychologische Rundschau* 37, S. 91.

Métraux, A. (1993): Zwei unbekannte Briefe Freuds an Lurija. *Psychoanalyse im Widerspruch*, Heft 9/93, S. 7–13.
Meyer, A. (1976[1932]): Foreword. In: Lurija, A. R.: The Nature of Human Conflicts or Emotion, Conflict and Will: An Objective Study of Disorganisation and Control of Human Behaviour. New York, S. V.
Moruzzi, G. (1962): Research on Relations of Brain Stem Reticular Formation to Animal Behavior: Technical (Final) Report. Pisa.
Pater, W. (1946): Imaginäre Porträts. Hamburg.
Piaget, J. (1972): Sprechen und Denken des Kindes. Düsseldorf.
Sacks. O. (1973): The mind of A. R. Luria. *The Listener*, 28. Juni 1973.
Sacks, O. (1990): Der verlorene Seemann. In: Der Mann, der seine Frau mit einem Hut verwechselte. Reinbek bei Hamburg. S. 42–68.
Sacks, O. (1991): Awakenings – Zeit des Erwachens. Reinbek bei Hamburg.
Shengold, L. (1988): Halo in the Sky: Observations on Anality and Defense. New York.
Wygotskij, L. S. (1985): Die Krise der Psychologie in ihrer historischen Bedeutung. In: Ausgewählte Schriften, Band 1. Köln. S. 57–277.
Zaporožec, A. V. (1990): Entstehung und Aufbau der Motorik. Eine tätigkeitspsychologische Studie. Berlin (DDR).

Bildquellen

Die Fotos auf den Seiten 24, 32, 45, 59, 64, 68, 72f, 94, 111, 160, 166f, 173, 180, 190 stellte Prof. Alexander Friedenstein zur Verfügung. Copyright © 1993 by Lurija-Archiv, Moskau. Es handelt sich teilweise um Erstveröffentlichungen. S. 24: T. Bobtschenko/A. Garsawina/K. Sinizyna, Kasan putewoditel, Tatarskoje Knishnoje Isdatelstwo, Kasan 1970. S. 33, 35: A. Nikiforow, Bechterew, Molodaja Gwardija, Moskau 1986. S. 40, 42: Jurij Alexandrow, Moskwa: Dialog putewoditelej, Moskowskij Robotschij, Moskau 1985. S. 43: A. N. Leontjew, Isbrannye psichologitscheskije proiswedenija, Band 1, Pedagogika, Moskau 1983. S. 51: Lew S. Wygotski, Psychologie der Kunst, VEB Verlag der Kunst, Dresden 1976. S. 61: A. W. Saporoshez, Isbrannye psichologitscheskije trudy, Band 1, Pedagogika, Moskau 1986. S. 78, 90: Copyright © by Hamburgisches Museum für Völkerkunde. S. 124: Alexander R. Lurija, Das Gehirn in Aktion, Rowohlt Taschenbuch Verlag, Reinbek 1992, Copyright © 1991 by Elena Lurija-Friedenstein, Moskau. S. 129, 162: Robert Ornstein/Richard F. Thompson, Unser Gehirn: das lebendige Labyrinth, Rowohlt, Reinbek 1986. S. 136: Jean-Pierre Changeux, Der neuronale Mensch, Rowohlt, Reinbek 1984. S. 143: Ullstein Bilderdienst, Berlin. S. 192: Alexandre Métraux.

Register